前　言

斯沃数控仿真软件是目前国内比较优秀的数控仿真软件，软件包括 21 大类，76 个系统，163 个控制面板，包括发那科（FANUC）、西门子（SIEMENS）、三菱（MITSUBISHI）、广州数控（GSK）、华中世纪星（HNC）、北京凯恩帝（KND）、大连大森（DASEN）、南京华兴（WA）、天津三英、江苏仁和（RENHE）、西班牙 FAGOR80055、南京四开、德国 PA8000、南京巨森（JNC）、成都广泰、美国哈斯（HAAS）、三英数控（GTC2E）、巴西 Romi、意大利 Deckel、匈牙利 NCT104、日本马扎克（MAZAK），具有编程和加工功能。斯沃仿真软件有网络版和单机版两种模式，可以在计算机上仿真各种数控设备的编程和操作，是广大高校机械类学生和国内外大中型企业数控操作人员的良师益友，同时也是国内第一款自动免费下载更新的数控仿真软件，用户可以在线更新版本。随着斯沃用户的日益增加，其数控仿真的图书出版需求也应运而生。本书初版于 2012 年 11 月出版，第 2 版在第 1 版的基础上，升级了软件，更换了部分仿真实例。

为了保证图书的实用性，本书内容讲解从零开始，循序渐进，按照读者学习知识的规律进行阐述。全书共 7 章，具体安排如下：

第 1、2 章为斯沃 V7.10 入门基础，简要介绍斯沃 V7.10 仿真软件的特点，安装启动、用户环境以及基本操作。读者通过学习，可以对斯沃 V7.10 仿真软件有基本的了解和认识。

第 3～5 章为斯沃 V7.10 仿真技术介绍，包括机床仿真应用平台、加工准备以及加工预演、仿真加工与检测分析。读者通过学习，可以掌握斯沃仿真软件的一般过程和主要技术特点。

第 6、7 章为斯沃 V7.10 仿真实例，包括 14 个数控车床仿真实例和 10 个数控铣床仿真实例。实例全部来自工程实践，代表性和指导性强，方便读者学习后举一反三，提高学习效率。

与同类图书相比，本书主要有以下特点：

1）内容安排以实用、适度为原则，基本技术和应用实例相结合，避免枯燥的纯理论讲解，适合各类读者学习。

2）实例典型丰富，代表性和实践性强。讲解系统全面、深入浅出，严格按照实际加工仿真流程进行，读者学习后可以快速入门和上手，实现从入门到精通。

3）赠送实例的程序代码，可通过联系 QQ：296447532 获取。

本书由涂志标、张子园、郑宝增主编，参与编写的人员有王金芳、马红亮、郑钦礼、吴志国。

本书适合广大数控仿真人员使用，是参加数控大赛的必备参考书，同时也可以作为大中专院校数控专业学生的教材。

由于本书涉及内容广泛，编者水平有限，难免出现一些不完善和不足之处，敬请广大读者批评指正。

编　者

目　录

第 1 章

斯沃 V7.10 入门

1.1 斯沃 V7.10 软件的特点

1. 包含数控系统多

斯沃数控仿真（数控模拟）软件包括 21 大类，76 个系统，163 个控制面板，包括发那科（FANUC）、西门子（SIEMENS）、三菱（MITSUBISHI）、广州数控（GSK）、华中世纪星（HNC）、北京凯恩帝（KND）、大连大森（DASEN）、南京华兴 WA、天津三英、江苏仁和（RENHE）、西班牙 FAGOR80055、南京四开、德国 PA8000、南京巨森（JNC）、成都广泰、美国哈斯（HAAS）、三英数控（GTC2E）、巴西 Romi、意大利 Deckel、匈牙利 NCT104、日本马扎克（MAZAK），具有编程和加工功能。

2. 真实感强

斯沃 V7.10 数控仿真软件包含数控系统的三维数控机床和操作面板，与真正数控机床上的面板相似程度高，真实感强，用户可以在 PC 上模拟操作机床，能在短时间内掌握各种系统的数控车床、数控铣床及加工中心等操作。同时软件具有手动编程和导入程序模拟加工，这样既能使在实际机床上有实践经验的师傅不用专门的学习就可以直接使用斯沃软件进行一些编程和加工的试运行，又能使没有实践经验又想学习数控的读者利用斯沃软件简单快捷且没有时间和地点限制地学习。

3. 功能全面

斯沃 V7.10 数控仿真软件功能比较全面，主要有以下功能：

1）SINUMRIK 系列数控系统增加了参数编程（变量编程）和有条件跳转。

2）FANUC，三菱 E60，华中数控 HNC-21M、HNC-21T，GSK 980T 等宏程序编程。

3）GSK928MA 参数编程。

4）真实感的三维数控机床和操作面板，双屏显示。

5）动态旋转、缩放、移动、全屏显示等功能的实时交互操作方式。

6）支持 ISO-1056 准备功能码（G 代码）、辅助功能码（M 代码）及其他指令代码。

7）支持各系统自定义代码以及固定循环。

8）直接调入 UG、PRO/E、Mastercam 等 CAD/CAM 后置处理文件模拟加工。

9）FANUC、SIEMENS 极坐标编程，G02、G03 螺旋插补等特殊 G 指令。

10）工件选放、装夹。

11）换刀机械手、四方刀架、八方刀架、十二方刀架。

12）卧式和立式 ATC 自动换刀系统切换。

13）基准对刀、手动对刀。

14）零件切削，带加工切削液、加工声效、铁屑等。

15）寻边器、塞尺、千分尺、卡尺等工具。

16）采用数据库管理的刀具和性能参数库。

17）内含多种不同类型的刀具。

18）支持用户自定义刀具功能。

19）加工后的模型的三维测量功能。

20）基于刀具切削参数零件表面粗糙度的测量。

21）车床中心固定架。

斯沃 V7.10 数控仿真软件有了这些功能就可以简化仿真软件的编程，拓展仿真软件的加工范围。

1.2 斯沃 V7.10 仿真软件启动

斯沃 V7.10 数控仿真软件对运行计算机的要求：

1）硬件平台：CPU PII 以上；内存 64MB 以上；显示器分辨率 1024×768 最优，显卡 32MB 以上。

2）操作系统：中文 Window98 /WindowNT4.0 /Window2000/WinXP。

斯沃 V7.10 数控仿真软件运行不需要安装，只需双击源文件中的就可以出现图 1-1 所示界面，这里选择单机版，在数控系统里选择需要的系统（图 1-2 所示界面），然后单击“运行”按钮就可以启动软件了。

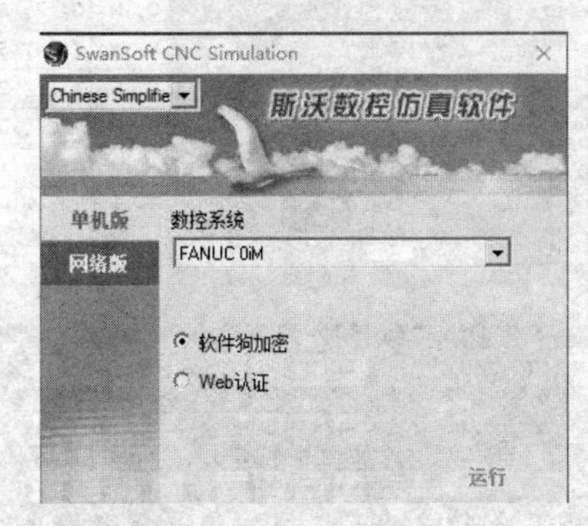

图 1-1　系统初始界面

图 1-2　选择数控系统界面

软件启动后会弹出图 1-3 所示提示对话框。该对话框介绍一些所进入系统的 G 代码和 M 代码等编程指令。对于刚接触的新系统，建议单击“下一条”按钮浏览一遍，这样对编程有帮助。熟悉系统后可以取消“启动时显示”前面的对号，下次登录就不会弹出此对话框了。

图 1-3　提示对话框

1.3　斯沃 V7.10 仿真软件用户环境

1.3.1　环境界面

斯沃 V7.10 数控仿真软件打开后，界面如图 1-4 所示，最上面一行是菜单栏（图 1-5），下面是工具栏（图 1-6），中间部分左边为机床显示部分（图 1-7），右面上半部分为机床操作面板的输入部分（图 1-8），右面下半部分为机床操作面板的操作界面（图 1-9）。

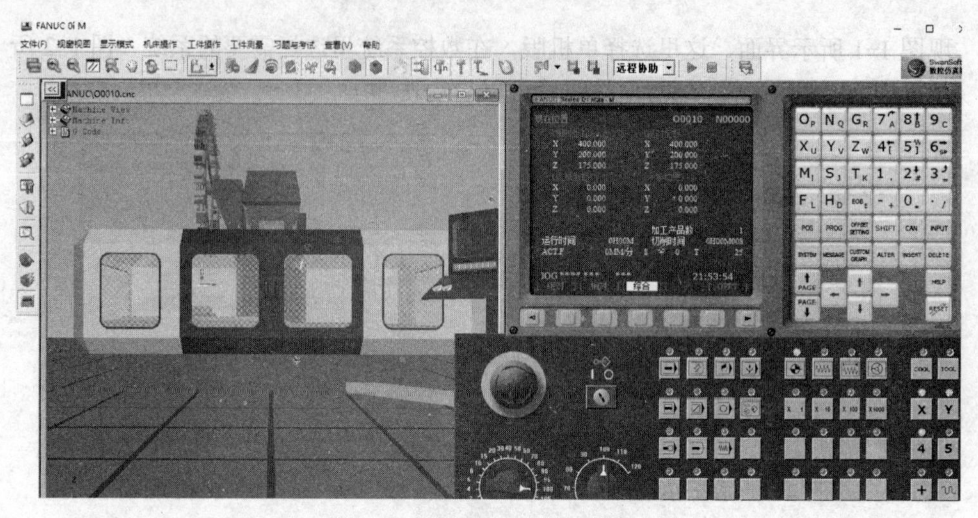

图 1-4　斯沃 V7.10 的打开界面

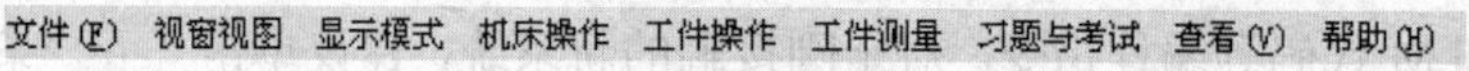

文件(F)　视窗视图　显示模式　机床操作　工件操作　工件测量　习题与考试　查看(V)　帮助(H)

图 1-5　菜单栏

远程协助

图 1-6　工具栏

图 1-7　机床显示

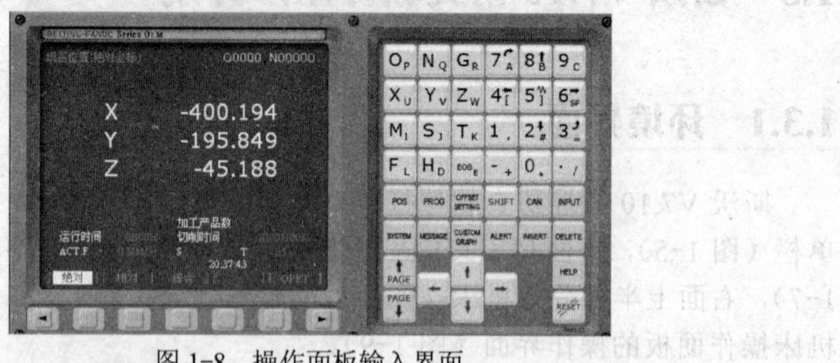

图 1-8　操作面板输入界面

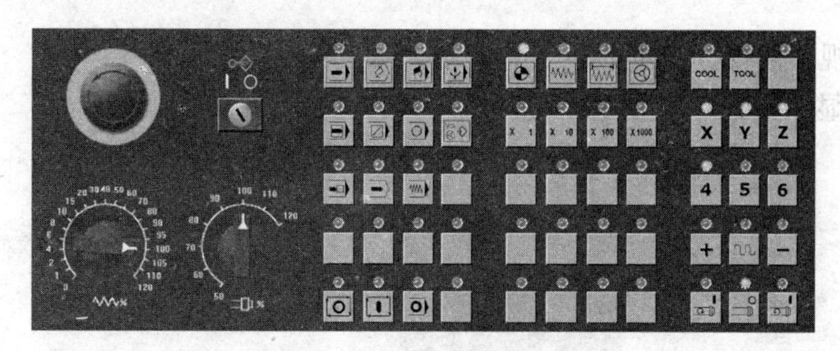

图 1-9　操作面板操作界面

1.3.2　菜单栏

菜单栏主要包括：

（1）文件　主要包括新建 NC 代码、打开、保存、另存为、退出命令，如图 1-10 所示。新建 NC 代码的主要作用是在操作面板上建立新的程序名称并且输入新的 NC 代码；单击“打开”，是指打开上次建立并保存的文件，如图 1-11 所示，打开过程中可以选择不同的文件类型；单击“保存”，弹出三个下拉菜单，分别为保存工程、保存视窗、保存报告文件，如图 1-12 所示。

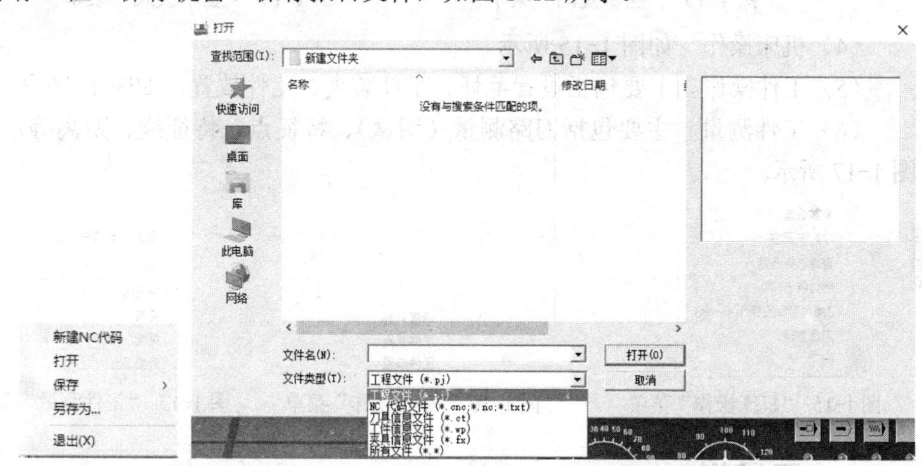

图 1-10　“文件”菜单　　　　图 1-11　单击打开文件时显示的状态

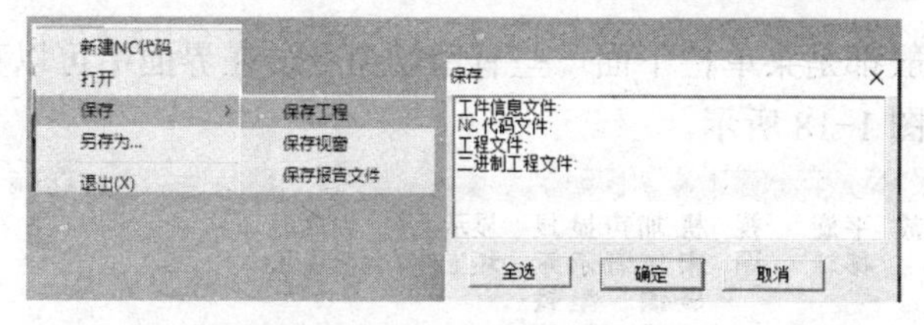

图 1-12　单击“保存”—“保存工程”时显示的状态

（2）视窗视图　主要包括窗口切换、整体放大、整体缩小、缩放、平移、旋转、正视、俯视、侧视、全屏显示、语言等，如图 1-13 所示。

（3）显示模式　如图 1-14 所示。

图 1-13 “视窗视图”菜单

图 1-14 “显示模式”菜单

（4）机床操作　如图 1-15 所示。

（5）工件操作　主要包括设置毛坯、工件装夹、工件放置，如图 1-16 所示。

（6）工件测量　主要包括刀路测量（调试）、特征点、特征线、距离等，如图 1-17 所示。

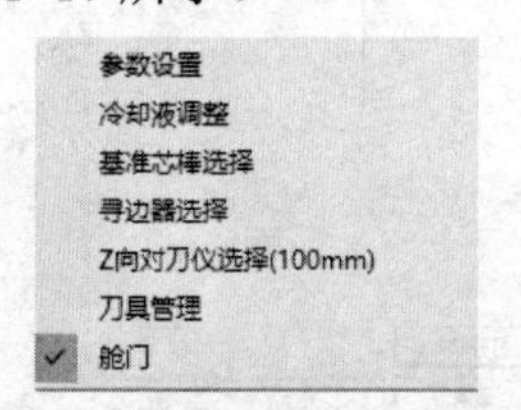

图 1-15 “机床操作”菜单

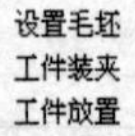

设置毛坯
工件装夹
工件放置

图 1-16 “工件操作”菜单

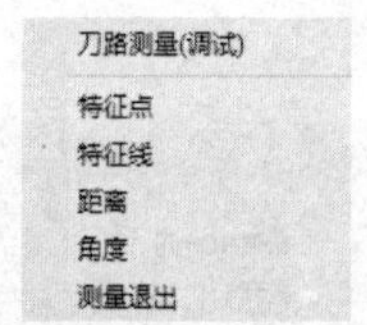

图 1-17 “工件测量”菜单

1.3.3 工具栏

工具栏一般都是菜单栏下面一些有用的命令，在界面中可以直接单击使用，节省时间，如图 1-18 所示。

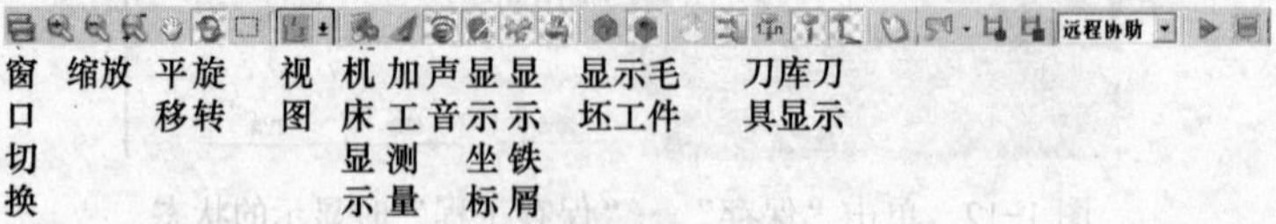

窗口切换　缩放　平移　旋转　视图　机床显示　加工测量　声音　显示坐标　显示铁屑　显示毛坯工件　刀库　刀具显示

图 1-18 工具栏

第 2 章

斯沃 V7.10 仿真软件基本操作

2.1 项目文件管理

2.1.1 新建项目

斯沃 V7.10 仿真软件的新建项目和其他软件有些不同，这里的新建指的是新建 NC 代码程序，也就是新建 G 代码加工程序。具体步骤为

（1）机床开机以及回原点顺序　打开界面首先要开机，斯沃给出的 FANUC 0i MC 界面不需要寻找开机按钮，只需单击复位急停按钮（图 2-1）即可。然后调整编辑锁定到 O 的位置，如图 2-2 所示。回零顺序先单击 ，然后分别单击 后，机床回到零点，如图 2-3 所示。

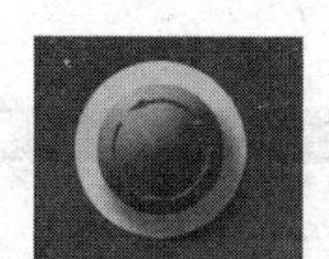

图 2-1　急停按钮

图 2-2　编辑锁定

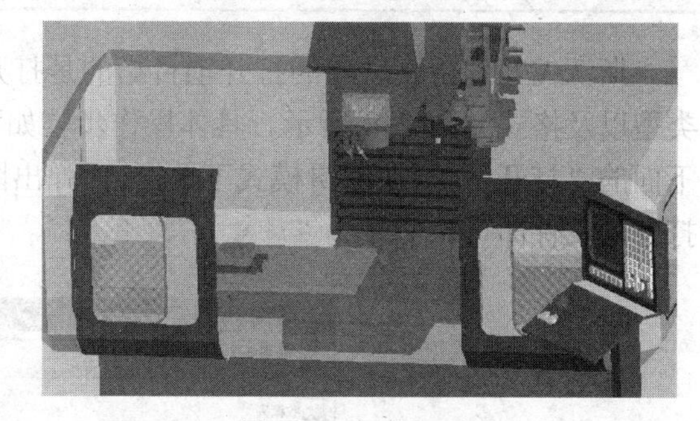

图 2-3　机床回零

（2）调整到编辑状态　单击 按钮系统会显示图 2-4 所示界面。

（3）新建 NC 代码程序　先单击控制面板上的 按钮，然后单击 按钮，单击图 2-5 所示“文件”菜单下的“新建 NC 代码”，这时机床显示面板如图 2-4 所示。新建 G 代码程序，首先输入一个程序的名称，如“O100”，如图 2-6 所示，

然后单击 INSERT 按钮，完成新建名称，如图 2-7 所示。

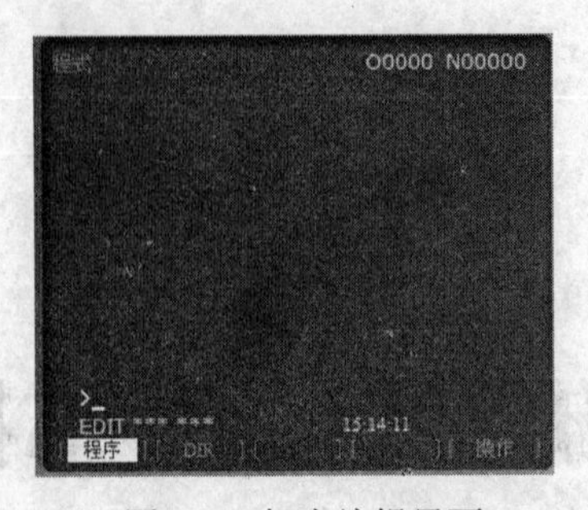

图 2-4　机床编辑界面

图 2-5 “文件”菜单

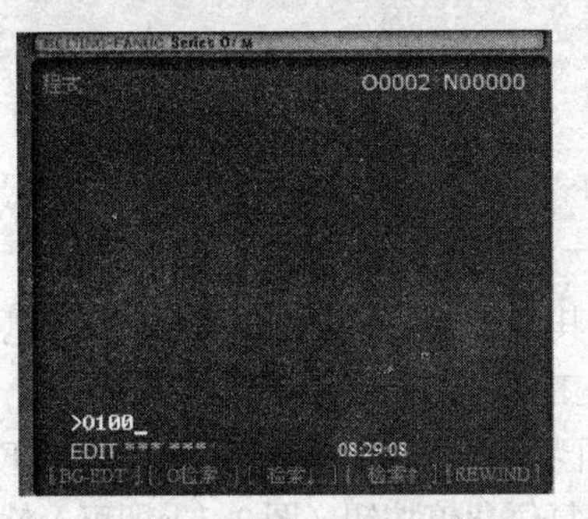

图 2-6　编辑界面输入显示

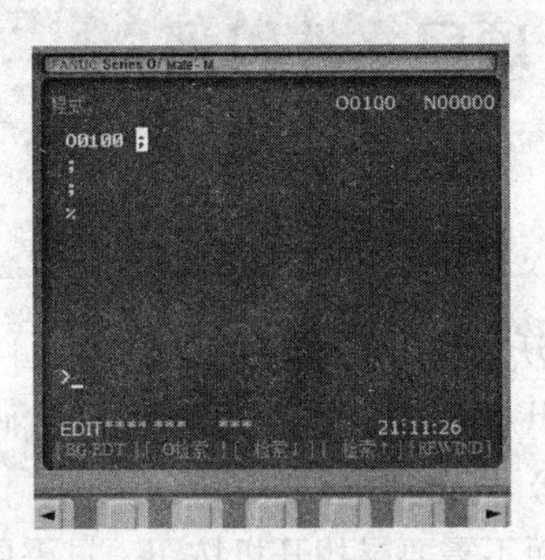

图 2-7　新建程序完成界面

2.1.2　打开项目

斯沃 V7.10 仿真软件的打开项目指的是打开编程好的文件，可以打开的文件类型以及格式如图 2-8 所示。具体操作步骤如下：单击“文件”菜单（图 2-5）下面的“打开”（要在编辑模式下单击），弹出图 2-9 所示对话框，然后选择需要打开的文件即可。

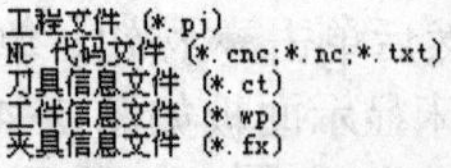

工程文件 (*.pj)
NC 代码文件 (*.cnc;*.nc;*.txt)
刀具信息文件 (*.ct)
工件信息文件 (*.wp)
夹具信息文件 (*.fx)

图 2-8　文件类型和格式

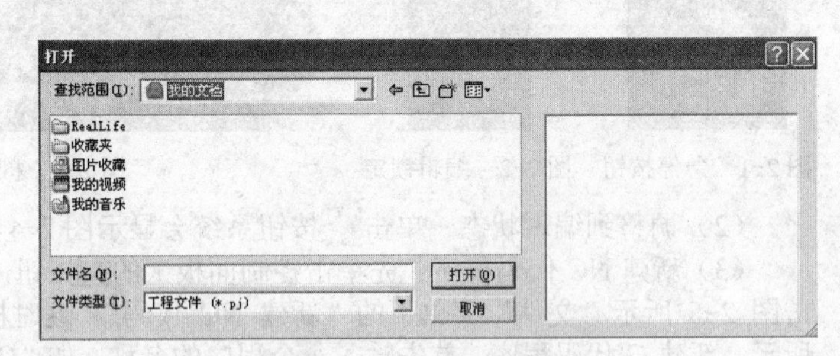

图 2-9 “打开”对话框

2.1.3　保存项目

斯沃 V7.10 仿真软件的保存有三种形式，分别为保存工程、保存视窗、保存报告文件。具体操作步骤为：单击“文件”菜单（图 2-5）下面的“保存”（要在编辑模式下单击），弹出图 2-10 所示对话框。

图 2-10　“另存为”对话框

1）保存工程：保存为*.pj 格式的文件，保存内容为指定 G 代码所在文件路径，如图 2-11 所示。

图 2-11　保存工程对话框

2）保存视窗：保存为*.jpg 格式的文件，保存内容为机床加工完毕的图片，如图 2-12 所示。

图 2-12　保存视窗对话框

3）保存报告文件：保存为*.htm 的文件，保存的内容包括工件信息、数控 NC 代码、加工视窗等，如图 2-13 所示。

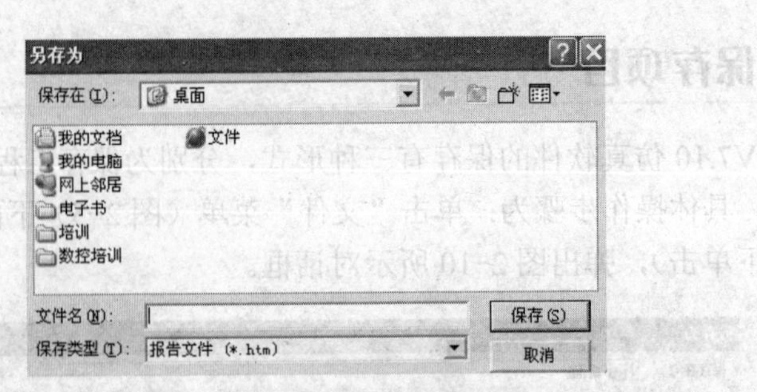

图 2-13　保存报告文件对话框

2.2 视图设置

2.2.1 视图变换

斯沃 V7.10 仿真软件的“视窗视图”菜单如图 2-14 所示。

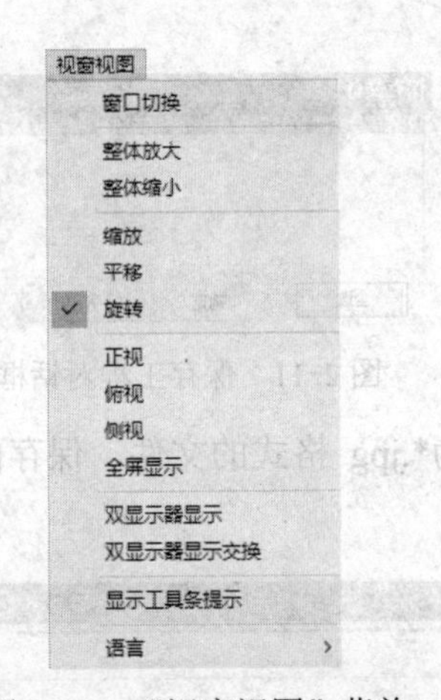

图 2-14　“视窗视图”菜单

窗口切换主要的功能为机床视图、操作面板输入部分、操作面板操作部分三者的显示变换。

2.2.2 视图选项设置

如图 2-14 所示“视窗视图”菜单，如需设置视图模式，直接单击相应的功能就可以了。

2.3　刀具库管理

2.3.1　车刀刀具库管理

单击“机床操作”菜单下面的“刀具管理”，如图 2-15 所示。进入 FANUC 0i T 系统，单击“刀具管理”，弹出斯沃 V7.10 仿真软件的车刀刀具库管理对话框，如图 2-16 所示。

机床操作
参数设置
冷却液调整
刀具管理
快速定位
舱门

图 2-15 “机床操作”菜单

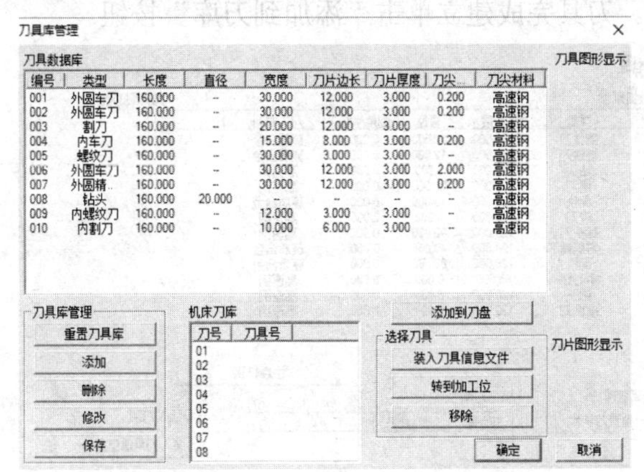

图 2-16　车刀刀具库管理对话框

系统给出了默认的 10 把刀具类型，有需要的话可以直接修改相应的内容。也可以单击“添加”按钮新建刀具，如图 2-17 所示，可以根据刀杆长度、刀杆宽度、刀片参数等来设定所需要的刀具，单击“添加到刀盘”就可以把刀具安装在相应的刀架上。单击“转到加工位”按钮，就可以通过旋转车床刀架把所需要的刀具旋转到加工位置。

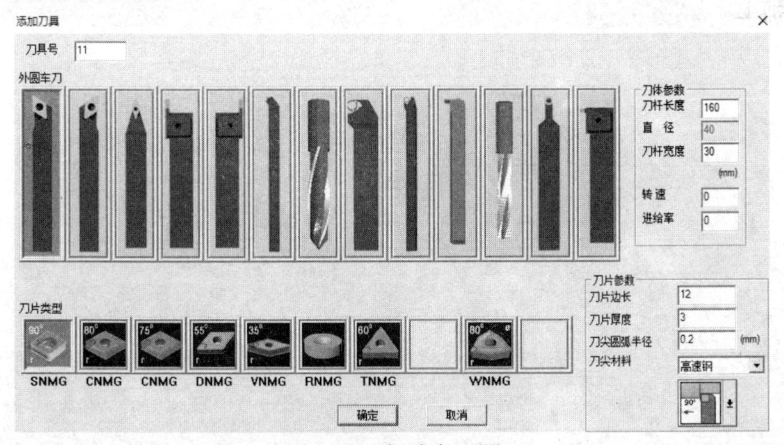

图 2-17　新建车刀图

2.3.2　铣刀刀具库管理

进入 FANUC 0i M 系统，单击“刀具管理”，弹出斯沃 V7.10 仿真软件的铣刀管理，如图 2-18 所示。

系统给出了默认的 12 把不同类型的刀具，如需要同样类型的刀具可以双击该类型刀具进行长度、半径、倒角等的修改。同样，也可以单击“添加”按钮，如图 2-19 所示，根据刀具类型、刀尖材料、刀杆长度、直径等参数来设定所需的刀具。刀具完成建立单击“添加到刀库”按钮。

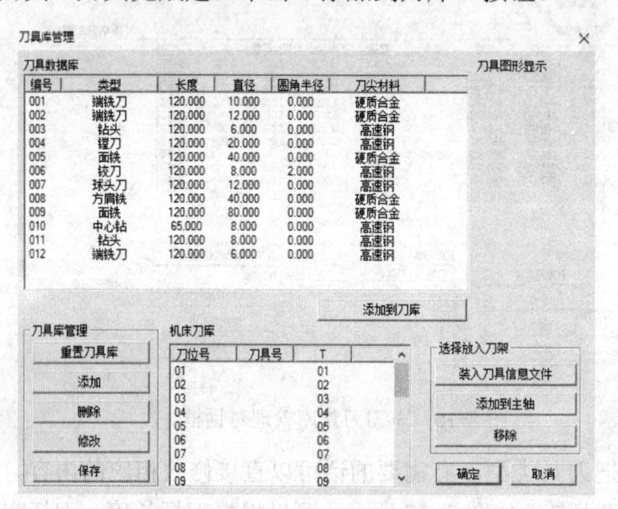

图 2-18　铣刀刀具库管理对话框

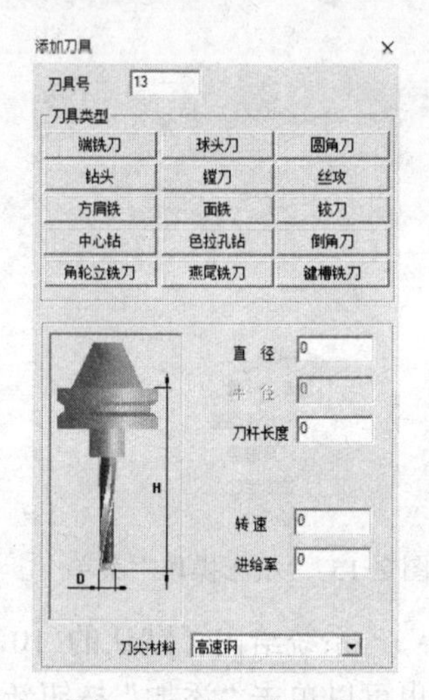

图 2-19　铣刀新建图

注意：在添加过程中，要先选中要添加的刀具，然后再单击“添加到刀库”，最后选定加入的刀具号。单击“添加到主轴”按钮，可以把设定好的刀具安装在机床主轴上。

第3章

斯沃 V7.10 机床仿真应用

3.1 数控车床应用

3.1.1 数控车床的选择

斯沃 V7.10 机床仿真数控车床的选择如图 3-1 所示。

选择“FANUC 0i T”系统，单击“运行”，启动数控车床仿真界面。

数控车床的选择需要进入界面单击“机床操作”按钮，在下拉菜单中单击“参数设置”，然后单击“机床参数”，弹出图 3-2 所示对话框。

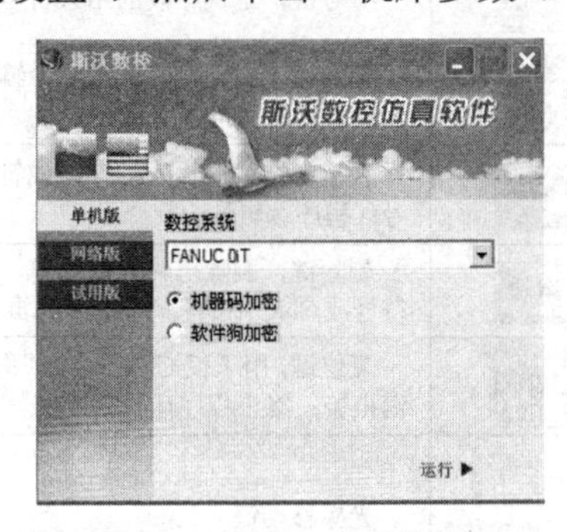

图 3-1　数控车床系统选择

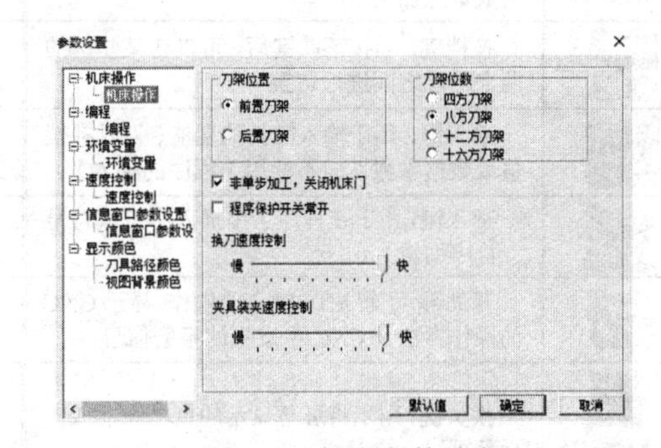

图 3-2　机床参数设定

操作者可以根据刀架位置、刀架位数、环境变量、速度控制等参数设置来获得想要的机床类型。同时也可以在这里设定信息窗口颜色、刀具路径颜色以及视图背景颜色等。

3.1.2 数控车床面板

数控车床的面板包括操作面板（图 3-3）和控制面板（图 3-4）。

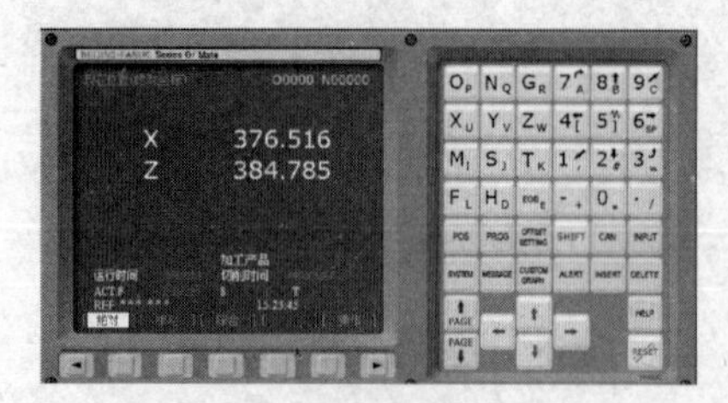

图 3-3　操作面板

图 3-4　控制面板

1. 机床操作面板

数控车床操作面板由显示屏和 MDI 键盘两部分组成，其中显示屏主要用来显示相关坐标位置、程序、图形、参数、诊断、报警等信息；MDI 键盘如图 3-5 所示，包括字母键、数字键以及功能键等，可以进行程序、参数、机床指令的输入及系统功能的选择，其功能见表 3-1。

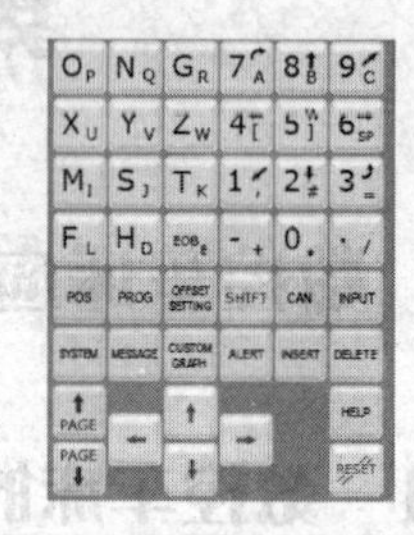

图 3-5　数控车床 MDI 键盘

表 3-1　数控车床操作面板按键及其功能

按　键	功　能	按　键	功　能
O_P 等	字母地址和数字键。由这些字母和数字键组成数控加工单	EOB E	符号键，是程序段的结束符号
SHIFT	换档键，当按下此键后，可以在某些键的两个功能之间进行切换	CAN	取消键，用于删除最后一个输入缓存区的字符或符号
INPUT	输入键，用于输入工件偏置值、刀具补偿值或数据参数（但不能用于程序的输入）	ALTER	替换键，替换输入的字符或符号（程序编辑）
INSERT	插入键，用于在程序行中插入字符或符号（程序编辑）	DELETE	删除键，删除已输入的字符、符号或CNC中的程序（程序编辑）
HELP	帮助键，了解 MDI 键盘的操作，显示 CNC 的操作方法及 CNC 中发生的报警信息	RESET	复位键，用于使 CNC 复位或取消报警，终止程序运行等功能
↑PAGE PAGE↓	换页键，用于将屏幕显示的页面向前或向后翻页	← ↑ → ↓	光标移动键
POS	显示机械坐标、绝对坐标、相对坐标位置，以及剩余移动量	PROG	显示程序内容。在编辑状态下可进行程序编辑、修改、查找等
OFFSET SETTING	显示偏置值/设置屏幕。可进行刀具长度、半径、磨耗等的设置，以及工件坐标系设置	SYSTEM	显示系统参数。在 MDI 模式下可进行系统参数的设置、修改、查找等
MESSAGE	显示报警信息	CUSTOM GRAPH	显示用户宏程序和刀具中心轨迹图形
<< >>	CRT 软键：该长条每个按键是与屏幕文字相对的功能键，按下某个功能键后，可进一步进入该功能的下一级菜单		

2. 机床控制面板

数控车床控制面板上的各种功能键（表3-2）可执行简单的操作，直接控制机床的动作及加工过程。

表3-2 数控车床控制面板按键及其功能

按键	内容	功能
方式选择	编辑	程序的编辑、修改、插入及删除，各种搜索功能
	自动	执行程序的自动加工
	MDI	手动数据输入
	JOG	手动连续进给。在JOG方式下，按机床操作面板上的进给轴和方向选择开关，机床沿选定轴的选定方向移动。手动连续进给速度可用手动连续进给速度倍率刻度盘调节
	手摇	手轮方式选择 1）在此方式下可旋转机床操作面板上手摇脉冲发生器来连续不断地移动。用开关选择移动轴 2）按手轮进给倍率开关，选择机床移动的倍率。手摇脉冲发生器转过一个刻度，机床移动的最小距离等于最小输入增量单位
主轴	正转	主轴正转，顺时针方向转动
	反转	主轴反转，逆时针方向转动
	停止	主轴停止转动
循环	循环启动	按循环启动按钮启动自动运行
	循环停止	按循环停止按钮，使自动运行暂停
其他控制按钮	机床锁住	按下此按钮程序运行，机床运动被限制
	空运行	按下此按钮，机床会空负载运行，即以运行G00的速度走完程序
	程序跳步	按下此按钮，每行程序前面带“/”的跳过不执行
	单段程序	按下此按钮，每按一次循环启动按钮，只运行一行程序
	选择停止	按下此按钮，遇到M01指令程序停止运行

3.1.3 数控车床的基本操作

数控车床的基本操作分为以下几个步骤。

1. 机床准备

首先单击按钮松开急停，这样机床就准备好了。然后机床需要回零操作，单击按钮，然后单击X和Z，最后分别选择X、Z正方向，机床就会自动进行回零操作，等 和 上显示灯变绿，表示回零操作完成。

2. **程序编制**

程序编制首先单击 按钮，再单击 按钮，输入程序名称 O××××，单击 按钮，新建程序就完成了；然后输入程序内容，单击 按钮为分行符号，单击 输入程序。

3. **运行程序**

运行程序单击 按钮，然后单击 按钮。

3.1.4 数控车床工件的定义

数控车床工件的定义如图 3-6 所示，可以设置棒料和管料，工件的长度和直径，工件的材料等。

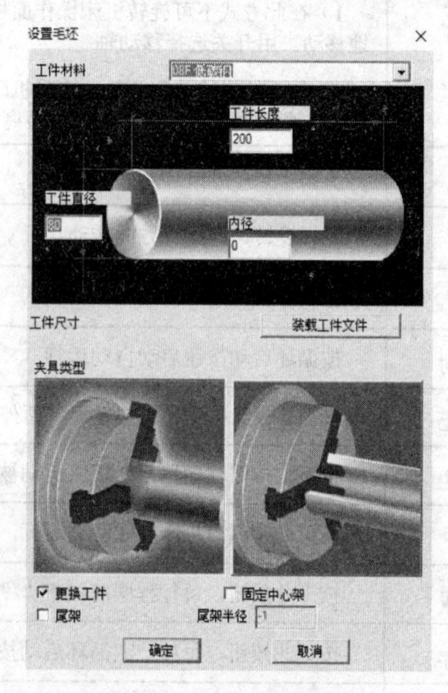

图 3-6　工件的设定

3.2 数控铣床及加工中心应用

3.2.1 数控铣床及加工中心的选择

斯沃 V7.10 机床仿真数控铣床及加工中心的选择如图 3-7 所示。

选择“FANUC 0i M”系统，单击“运行”，启动数控铣床仿真界面。

数控铣床及加工中心的选择需要进入界面单击“机床操作”按钮，在下拉菜单中单击“参数设置”，然后单击“机床参数”，弹出图 3-8 所示界面。

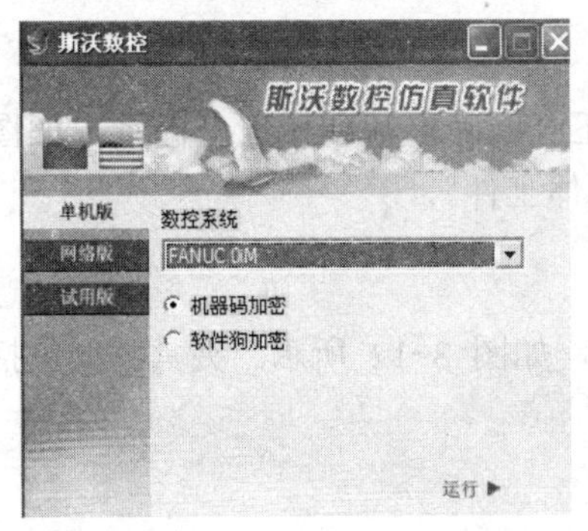

图 3-7 数控铣床及加工中心的选择

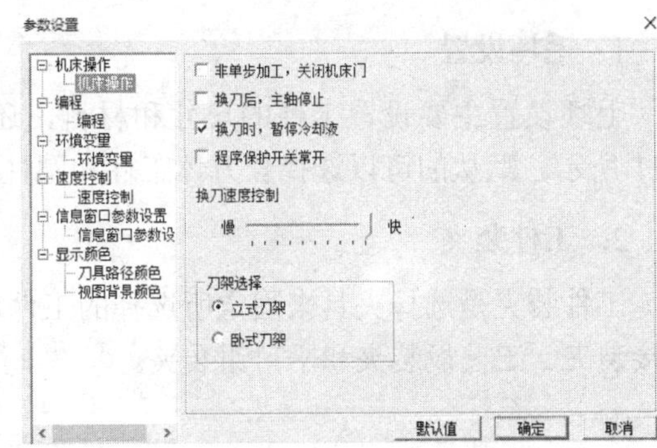

图 3-8 机床参数设定

操作者可以根据刀架选择、编程、环境变量、速度控制等参数设置来获得想要的机床类型。

3.2.2 数控铣床及加工中心面板

数控铣床及加工中心的加工面板和数控车床有一定的相似性，但总体来说还是有一定的区别。数控铣床及加工中心的操作面板和控制面板如图 3-9 和图 3-10 所示。

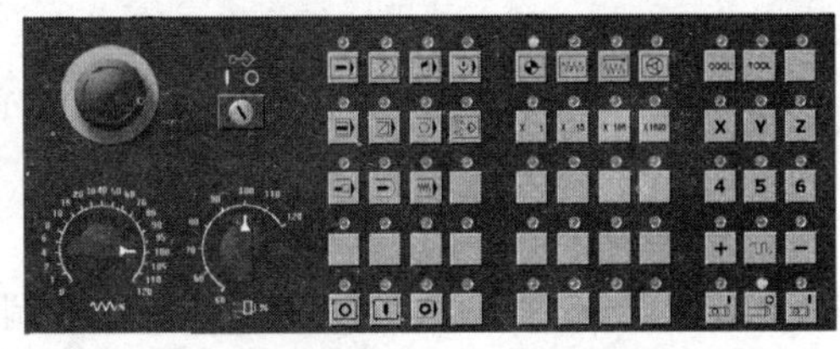

图 3-9 数控铣床及加工中心的操作面板 图 3-10 数控铣床及加工中心的控制面板

从图 3-10 可以看出，数控车床和铣床及加工中心的不同点主要在控制面板部分，数控车床主要是两轴 X、Z 轴的运动，而数控铣床及加工中心则有 X、Y、Z 三个轴的运动。

3.2.3 数控铣床及加工中心的基本操作

数控铣床及加工中心的基本操作参照数控车床的基本操作。

3.2.4　数控铣床及加工中心工件的定义和装夹

数控铣床的工件设置分为毛坯设置、工件装夹、工件放置。

1．毛坯设置

毛坯设置主要设置工件的尺寸和材料，还可以确定基准加工坐标系，如图 3-11 所示。默认的可以选择长方体工件和圆柱体工件。

2．工件装夹

工件装夹是选择夹具来固定所选择的工件，如图 3-12 所示。夹具类型包括直接装夹、工艺板装夹和平口钳装夹。

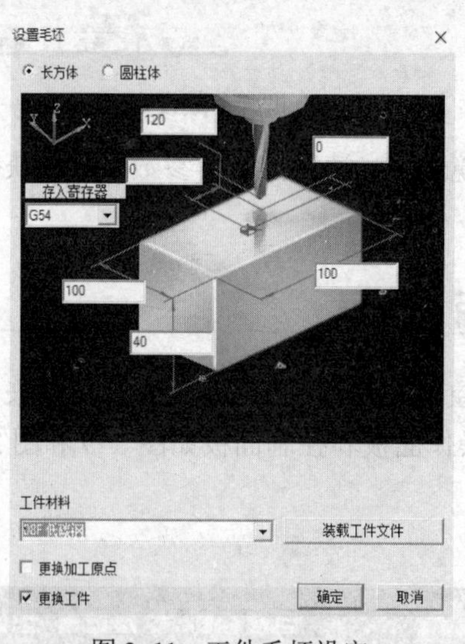

图 3-11　工件毛坯设定

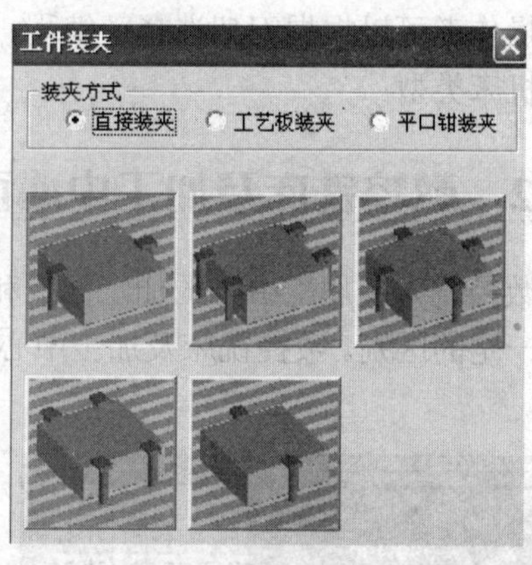

图 3-12　装夹方式选择

3．工件放置

如图 3-13 所示，工件放置主要用来调整工件在工作台上的放置位置。

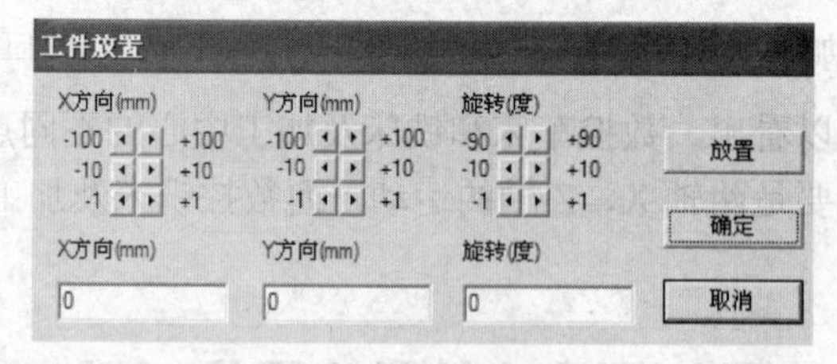

图 3-13　工件放置位置调整

第 4 章

斯沃 V7.10 加工准备及加工预演

4.1 数控车床

4.1.1 数控车床的对刀操作

1. 刀具补偿参数

数控车床主要有形状补偿和磨耗补偿。形状补偿指的是刀具 X、Z 向的补偿量，在操作面板上单击OFFSET SETTING按钮，单击图 4-1 所示的“补正”按钮，然后单击“形状”按钮（图 4-2），弹出形状补偿界面，形状补偿是数控车床确定工件原点的主要方法。单击“磨耗”按钮（图 4-3），弹出磨耗补偿界面，磨耗补偿是在形状补偿的基础上对刀具磨损的一种修正补偿。

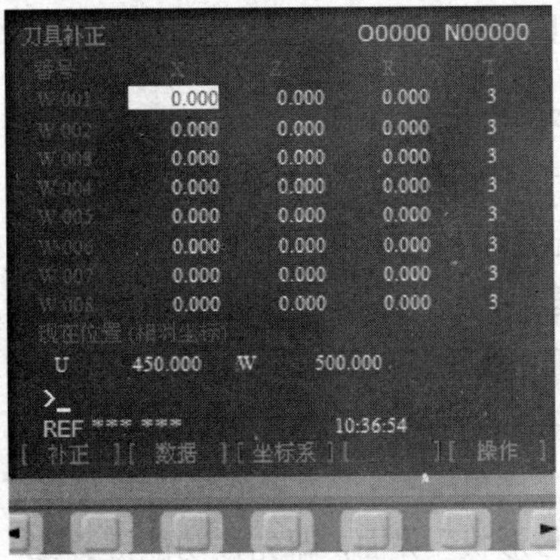

图 4-1　刀具补正界面

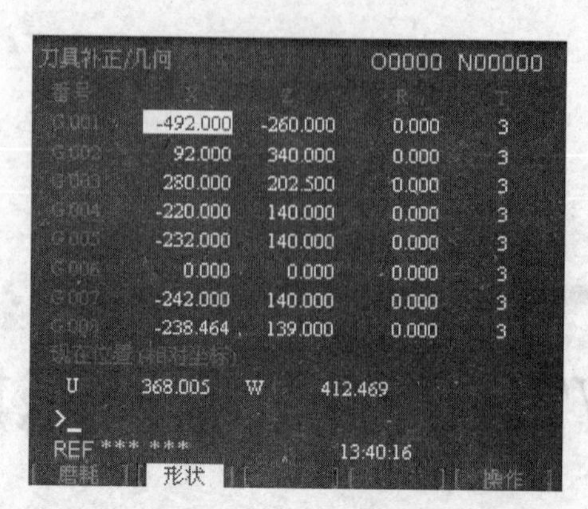

图 4-2 形状补偿界面

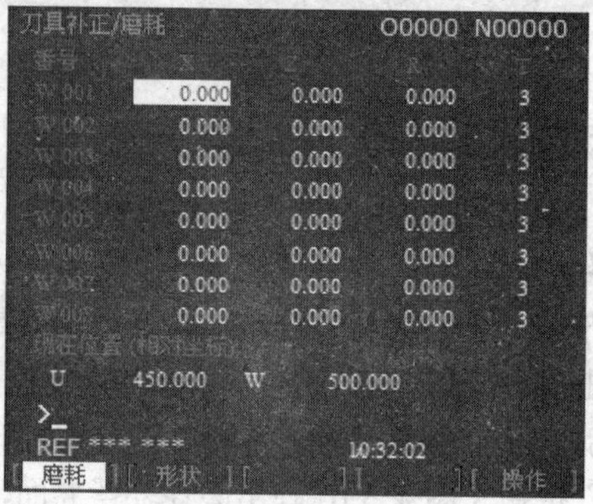

刀具补正/磨耗 O0000 N00000

W 001 0.000 0.000 0.000 3
W 002 0.000 0.000 0.000 3
W 003 0.000 0.000 0.000 3
W 004 0.000 0.000 0.000 3
W 005 0.000 0.000 0.000 3
W 006 0.000 0.000 0.000 3
W 007 0.000 0.000 0.000 3
W 008 0.000 0.000 0.000 3

U 450.000 W 500.000

REF *** *** 10:32:02

磨耗 形状 操作

图 4-3 磨耗补偿界面

2. 试切法设置刀具补偿参数

试切法对刀的具体操作步骤如下：

1）装夹好工件或毛坯及刀具。图 4-4 所示为工件的毛坯设定以及安装图。进行刀具安装时，单击“机床操作”菜单的“刀具管理”按钮，弹出图 4-5 所示“刀具库管理”对话框，单击“添加”按钮，弹出图 4-6 所示“添加刀具”对话框，选择所需刀具即可，最后把选择好的刀具添加到刀盘。

2）对刀前必须重新回参考点。单击回参考点按钮，然后分别单击、按钮，完成回参考点了。

3）进入“工具补正/形状”界面，即先按功能键 OFFSET SETTING，再依次按下[补正]、[形状]软键。

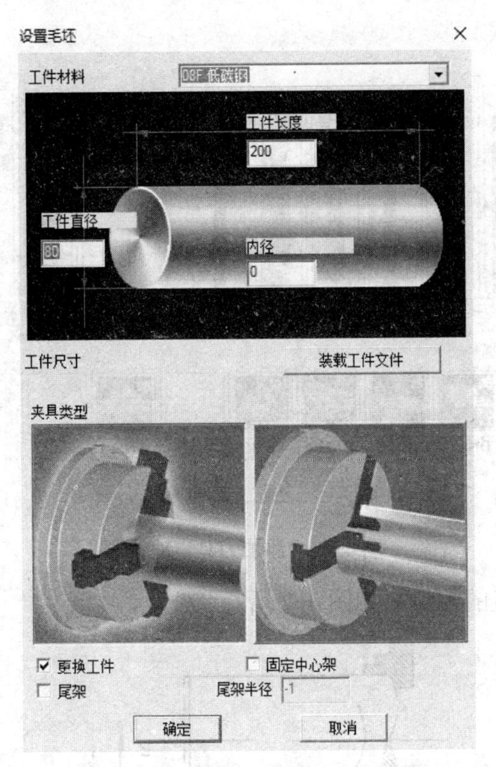

图 4-4　工件的毛坯设定以及安装图

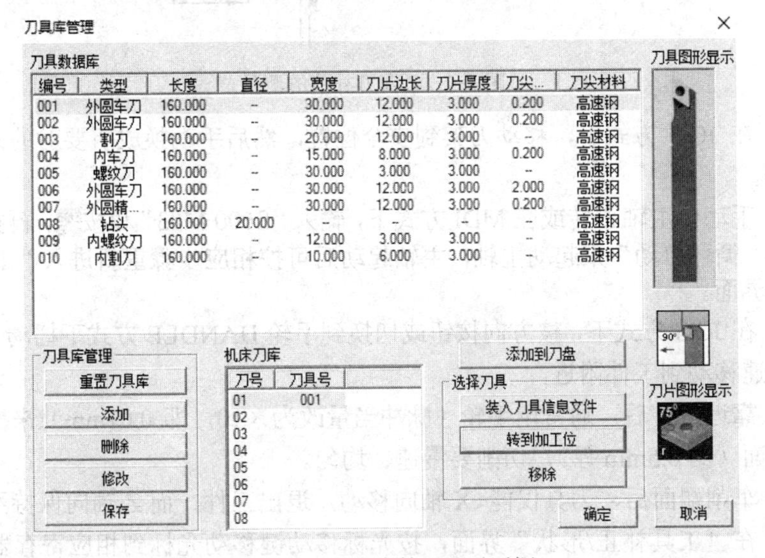

图 4-5　“刀具库管理”对话框

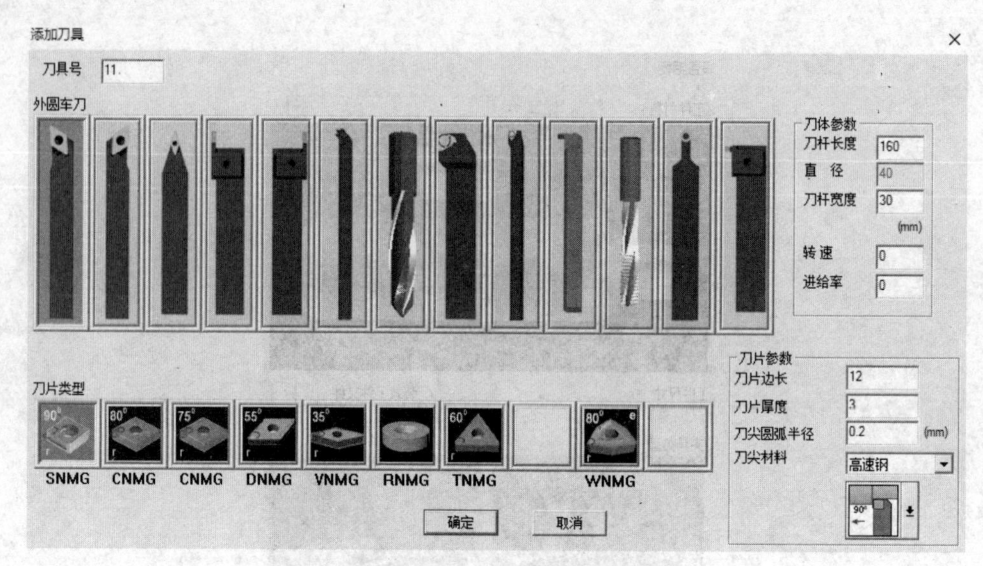

图 4-6 “添加刀具”对话框

4）Z 向刀补值的测量，如图 4-7 所示。

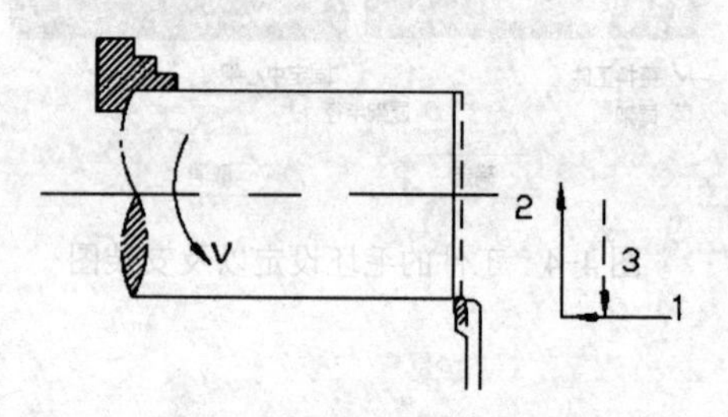

图 4-7 Z 向刀补值的测量

① 在 JOG 方式下，移动刀架到安全位置，然后手动换成所要对的刀具（如 T0101）。

② 手动使主轴正转或在 MDI 方式下，输入“S600 M03”和按 EOB，再按 INSERT 键，最后按“循环启动”来起动主轴，主轴起动后可按相应步骤重新进入“工具补正/形状”界面。

③ 在 JOG 方式下，按方向按钮或切换到手轮 HANDLE 方式下摇动手轮，将车刀快速移动到工件附近。

④ 靠近工件后，通常用手轮（脉冲当量改为×10，即 0.01mm）来控制刀具车削端面（约 0.5mm 厚），切削要慢速、均匀。

⑤ 车削端面后，刀具仅能+X 轴向移动，退出工件，而 Z 轴向保持不动。

⑥ 在“工具补正/形状”界面，按光标移动键移动光标到相应寄存器号（如 01）的 Z 轴位置上。

⑦ 输入“Z0”。

⑧ 按[测量]软键，则该号刀具 Z 向刀补值测量出并被自动输入。

5）X 向刀补值的测量，如图 4-8 所示。

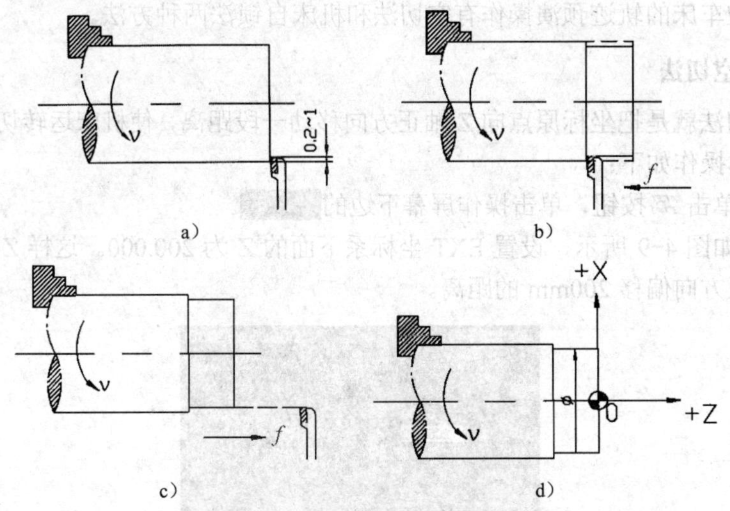

图 4-8　X 向刀补值的测量

a）选择背吃刀量　b）车削外圆（沿－Z 轴向进给）

c）＋Z 轴向退刀（X 轴向不动）　d）停车测量所车外圆直径值

① 手动使主轴正转（测 Z 向刀补后，如主轴未停，此步可省略）。

② 摇动手轮，先快后慢，靠近工件后，选择背吃刀量。

③ 车削外圆，-Z 轴向切削 5～10mm（脉冲当量为×10，即 0.01mm）。

④ 车削外圆后，仅+Z 轴方向退刀，远离工件，而 X 轴向保持不动。

⑤ 停主轴，测量所车外圆直径。

⑥ 将光标移到相应寄存器号（如 01）的 X 轴位置上。

⑦ 输入“X”和所测工件直径值，如输入“X24.262”。

⑧ 按[测量]软键，得出该刀具 X 轴向的刀补值。

至此，一把刀的 Z 向和 X 向刀补值都测出，对刀完成。

其他刀具对刀方法同上。

注意：对于同一把刀，一般是先测量 Z 向刀补，再测量 X 向刀补，这样可避免中途停车测量。

同时对多把刀具时，第一把刀对好后，后面其他刀具对刀时，要把第一把刀车削的端面作为基准面，不能再车削，只能轻触（因端面中心为共同工件原点），而外圆每把刀都可车削，测出实际的直径值输入即可。螺纹刀较特殊，需目测刀尖对正工件端面来设定 Z 轴补偿值。

4.1.2　数控车床零件加工轨迹预演操作

数控车床的轨迹预演操作有空切法和机床自锁法两种方法。

1. 空切法

空切法就是把坐标原点向 Z 轴正方向移动一段距离，使机床运转切削不到工件。具体操作如下：

1）单击OFFSET SETTING按钮，单击操作屏幕下边的坐标系。

2）如图 4-9 所示，设置 EXT 坐标系下面的 Z 为 200.000。这样 Z 轴坐标原点就向正方向偏移 200mm 的距离。

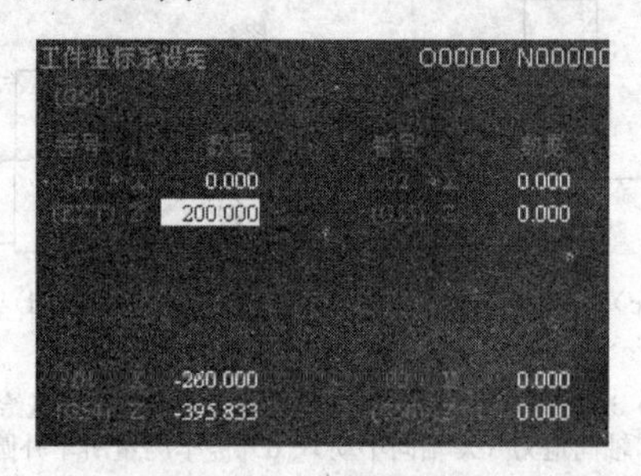

图 4-9　Z 向偏置

3）单击按钮，在空运行模式下快速运行程序，并单击CUSTOM GRAPH按钮查看图形是否正确。

2. 机床自锁法

机床自锁法就是运行程序之前要单击按钮锁住机床，这样也可以单击CUSTOM GRAPH按钮查看图形，但是这种方法运行完以后要重新执行回零操作。

4.2　数控铣床及加工中心

4.2.1　数控铣床及加工中心的对刀操作

1. 对刀的方法

对刀的目的是为了确定工件坐标系与机床坐标系之间的空间位置关系，也即确定对刀点相对工件坐标原点的空间位置关系。将对刀数据输入相应的工件坐标系设定存储单元，对刀操作分为 X 向、Y 向和 Z 向对刀。

根据现有条件和加工精度要求选择对刀方法，目前常用的对刀方法主要是简易对刀法，如试切对刀法、寻边器对刀、Z 向设定器对刀等。

这里重点讲解试切对刀法。

1）装夹工件毛坯，并使工件定位基准面与机床坐标系对应坐标轴方向一致。单击“工件操作”下拉菜单的“设置毛坯”按钮，弹出图 4-10 所示对话框，从中可以选择毛坯的材料、形状和大小等，根据需要选定毛坯即可。然后装夹工件，单击“工件操作”下拉菜单的“工件装夹”按钮，弹出图 4-11 所示对话框，选择“装夹方式”，单击“确定”按钮完成装夹。最后放置工件，单击“工件操作”下拉菜单的“工件放置”按钮，弹出图 4-12 所示对话框，如不用移动方向和旋转角度，单击“确定”按钮即可。

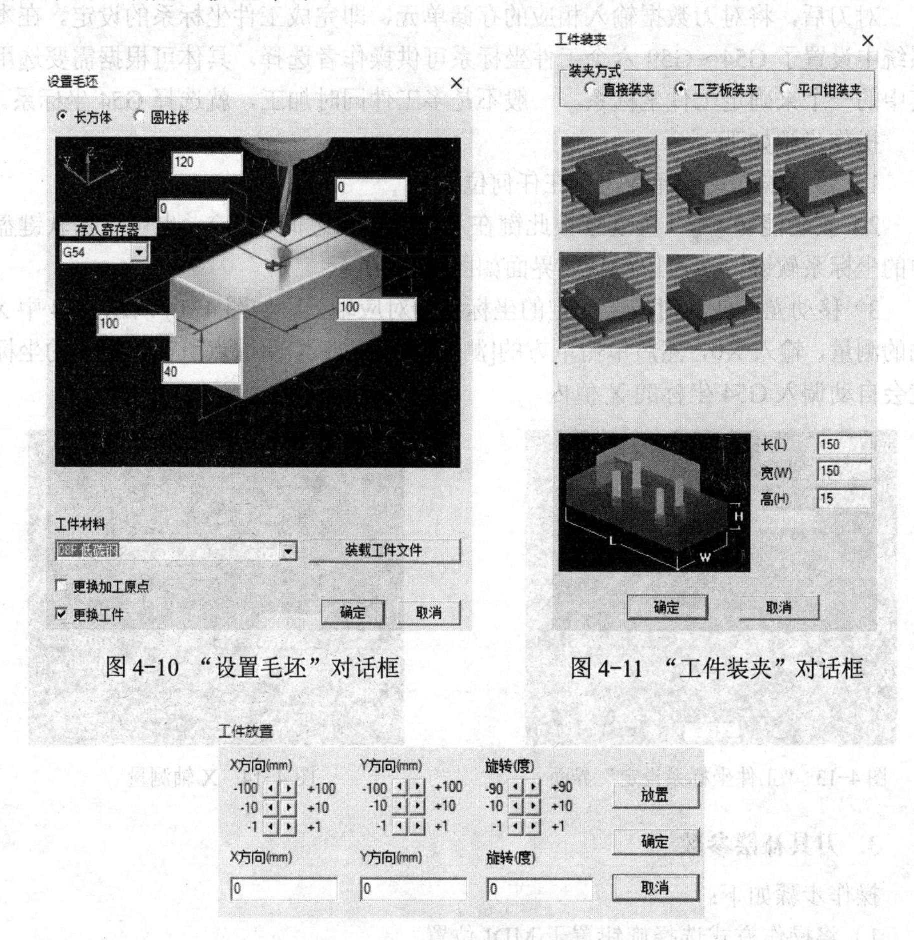

图 4-10 “设置毛坯”对话框

图 4-11 “工件装夹”对话框

图 4-12 “工件放置”对话框

2）对刀前必须回参考点。单击回参考点按钮，然后分别单击 X、Y、Z、4、5、6 按钮，完成回参考点操作。

3）对刀时要起动主轴。单击手动、寸动和手轮中的任何一个按钮，然后单击按钮，主轴就会起动。

4）在找 X、Y 轴的工件原点坐标时，需要相对测量。当刀具和工件的一边接触的时候，要先抬起 Z 轴，然后单击相对按钮，那么这点就会变成起始点，然后移动到另外一边试切对刀，就可以看出相应的距离，最后移动到中点，就找到工件原点所在机床坐标系中的位置坐标。

5）Z 轴不需要上述的找点方法，直接试切就可以。

2. G54～G59 参数设置方法

对刀后，将对刀数据输入相应的存储单元，即完成工件坐标系的设定。在本系统中设置了 G54～G59 六个工件坐标系可供操作者选择，具体可根据需要选用其中的一个来确定工件坐标系。一般不是多工件同时加工，就选择 G54 坐标系。

操作步骤如下：

1）将操作方式选择旋钮设在任何位置。

2）按功能键（可连续按此键在不同的窗口之间切换），也可以按软键盘中的坐标系软键，切换后得到的界面如图 4-13 所示。

3）移动光标使其对应于设定的坐标系的对应轴上。如图 4-14 所示 G54 中 X 轴的测量，输入 X0，然后单击下方的[测量]，则工件 X 向原点所在机床中的坐标就会自动调入 G54 坐标的 X 值内。

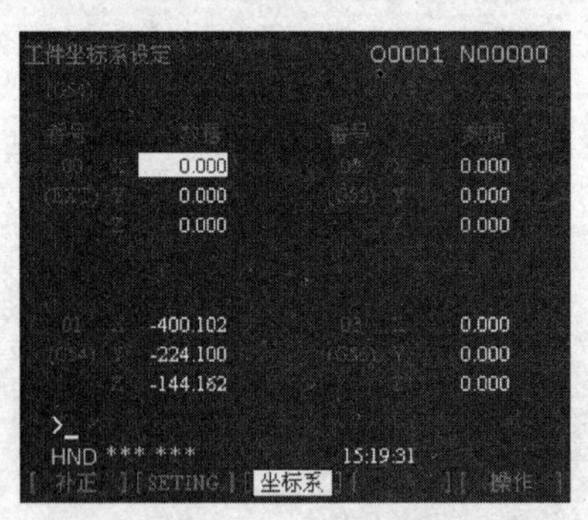

图 4-13 “工件坐标系设定”界面

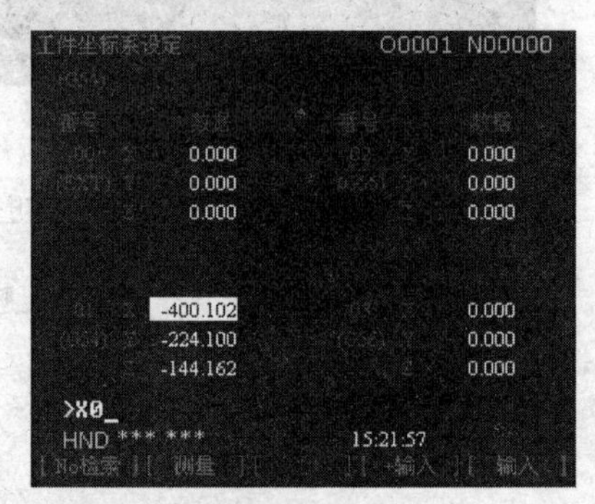

图 4-14　X 轴测量

3. 刀具补偿参数

操作步骤如下：

1）将操作方式选择旋钮置于 MDI 位置。

2）按功能键，补偿偏置号会显示在窗口上，如果屏幕上没有显示该界面，可以按[补正]软键打开该界面，如图 4-15 所示。

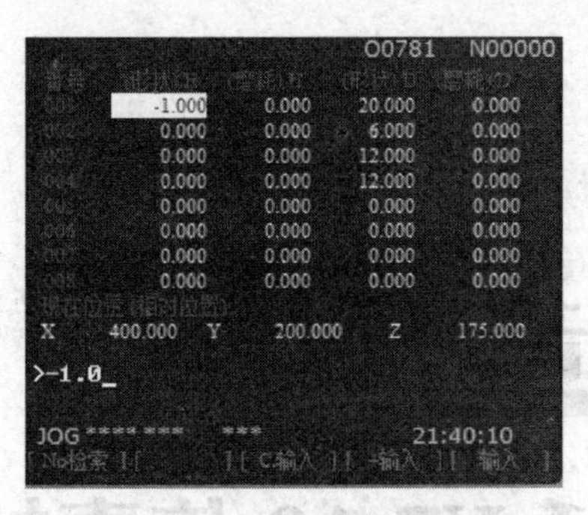

图 4-15　刀具补偿输入界面

3）移动光标键或键到要输入或修改的偏置号，如要设定 009 号刀的形状（H），可以使用光标键将光标移到需要设定刀补的地方。

4）键入偏置值，按键，即输入到指定的偏置号内，如输入数值“-1.0”，如图 4-15 所示。

5）在输入数字的同时，软键盘中出现输入软键，如果要修改输入的值，可以直接输入新值，然后按输入键或按[输入]软键。也可以利用[+输入]软键，在原来补偿值的基础上，添加一个输入值作为当前的补偿值。

4.2.2　数控铣床及加工中心零件加工轨迹预演操作

数控铣床及加工中心的零件加工轨迹预演和数控车床的预演操作总体相似，不过数控铣床及加工中心为三轴，所以调整的 Z 值方向是向上的，如图 4-16 所示。

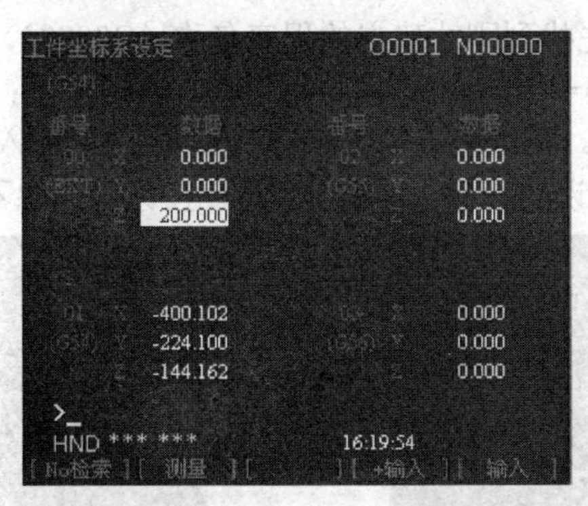

图 4-16　数控铣床及加工中心 Z 向偏置

第 5 章 斯沃 V7.10 仿真加工与检测

5.1 数控车床

5.1.1 数控车床自动加工

斯沃 V7.10 仿真软件的自动加工分为编辑程序和运行程序。

1. **编辑程序**

先单击编辑方式按钮编辑程序，然后单击编程按钮，显示编程界面，显示面板左下角有“EDIT”表示在程序编辑状态，在界面内输入要建立的名称前单击“DIR”（图 5-1），这样可以看看已经存在的程序名称，然后选择没有存在的程序名称，如 O0002，（图 5-2）；最后单击插入按钮，程序就建立完成。

编辑程序时，首先找到刚才建立的程序名称（O0002），在显示编辑界面输入要编辑的程序，如图 5-3 所示。在输入程序时，要注意“；”号的输入，单击按钮就是“；”的输入。然后单击输入按钮，程序就输入 O0002 中，单击替换按钮可替换输入有误的程序，单击删除按钮可删除不需要的程序。

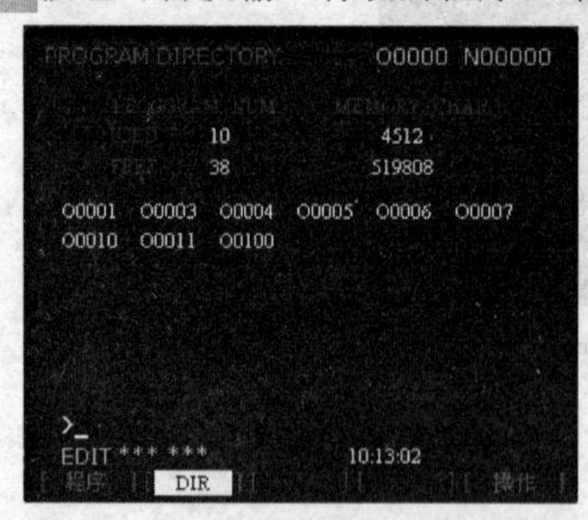

图 5-1 查看已存在程序名称的界面

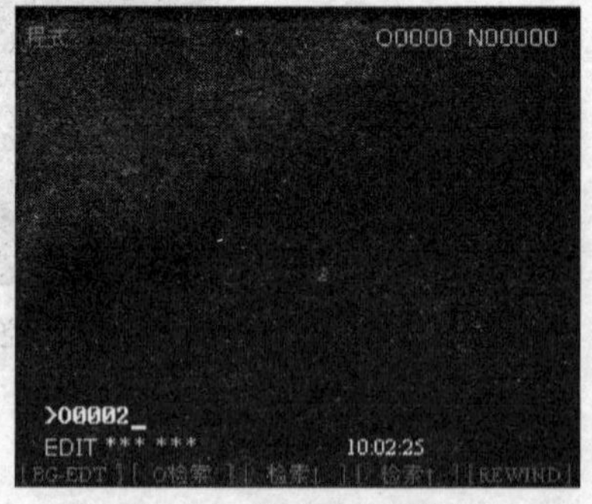

图 5-2 程序建立界面

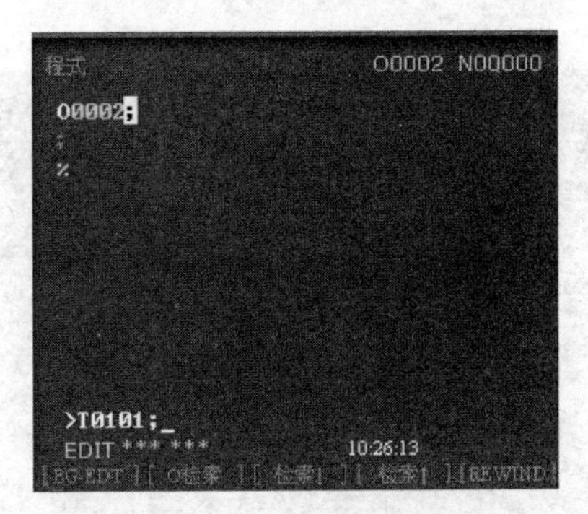

图 5-3　程序输入界面

2. **运行程序**

单击按钮运行程序，单击按钮开始加工，单击按钮暂停加工。加工过程数控屏幕显示如图 5-4 所示。显示面板左下角有 MEM 代表程序在加工准备状态，白色光标代表当前程序加工的行数。

在加工过程中，车床工件部分会显示加工路线，如图 5-5 所示。

图 5-4　加工屏幕显示

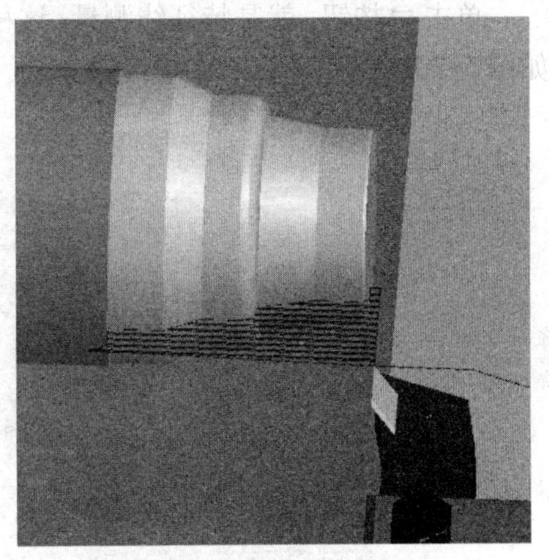

图 5-5　加工路线显示

5.1.2　数控车床工件检测

加工完毕，单击按钮测量工件。测量方法分为四种，下面分别介绍。

1. **特征点测量**

单击按钮，就是特征点测量，这种测量方法是工件以点为显示体，如图 5-6 所示。

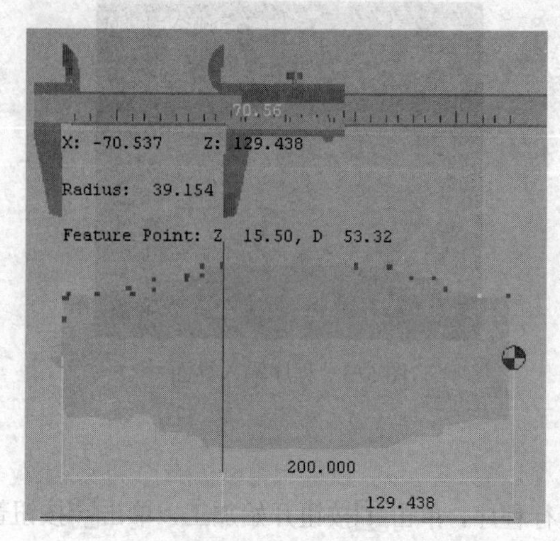

图 5-6　特征点测量

2. 特征线测量

单击按钮，就是特征线测量，这种测量方法是以工件表面的线型为显示体，如图 5-7 所示。

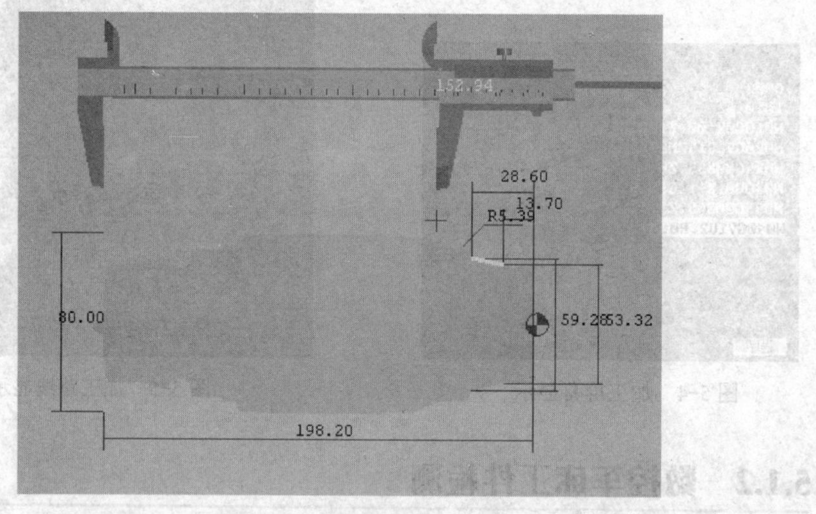

图 5-7　特征线测量

3. 距离测量

单击按钮，就是距离测量，这种测量方法是以前后选中的两个点为显示体，如图 5-8 所示。

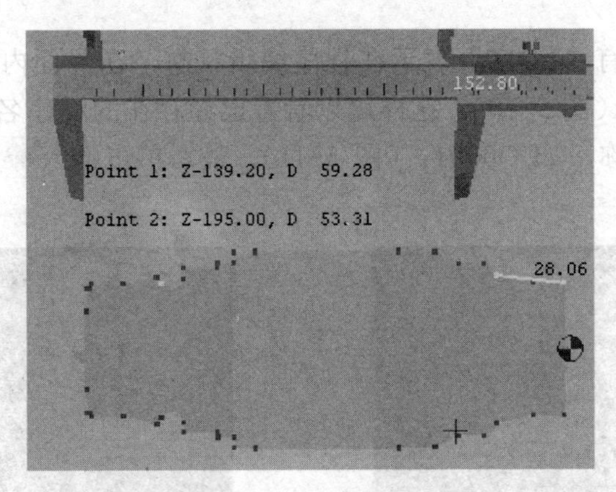

图 5-8　距离测量

4. **表面粗糙度分布**

单击按钮，就是表面粗糙度分布，这是用来查看工件加工表面粗糙度的方法，如图 5-9 所示。

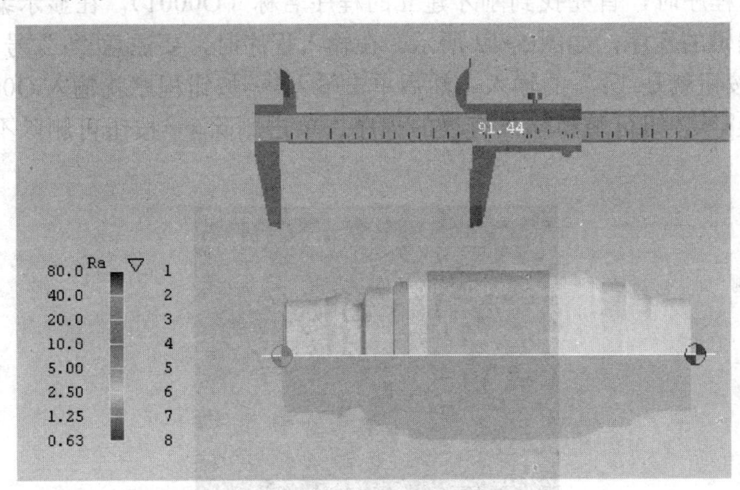

图 5-9　表面粗糙度分布

5.2 数控铣床及加工中心

5.2.1 数控铣床及加工中心自动加工

1. **编辑程序**

先单击编辑方式按钮编辑程序，然后单击编程 PROG 按钮，显示编程界面，显示面板左下角有“EDIT”表示在程序编辑状态，在界面内输入要建立的名称前单击“DIR”（图 5-10），这样可以看看已经存在的程序名称，然后选择没有存在的程序名称，如 O0001，（图 5-11），最后单击插入 INSERT 按钮，程序就建立完成。

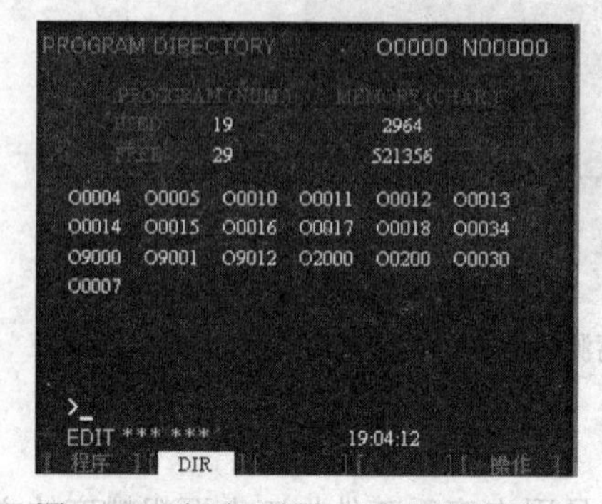

图 5-10　查看已存在程序名称的界面

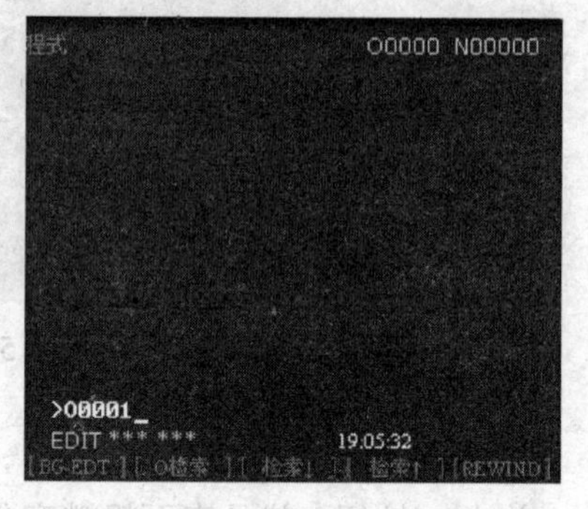

图 5-11　程序建立界面

编辑程序时，首先找到刚才建立的程序名称（O0001），在显示编辑界面输入要编辑的程序，如图 5-12 所示。在输入程序时，要注意“;”号的输入，单击 EOB 按钮就是“;”的输入。然后单击输入 INSERT 按钮程序就输入 O0001 中，单击替换 ALERT 按钮可替换输入有误的程序，单击删除 DELETE 按钮可删除不需要的程序。

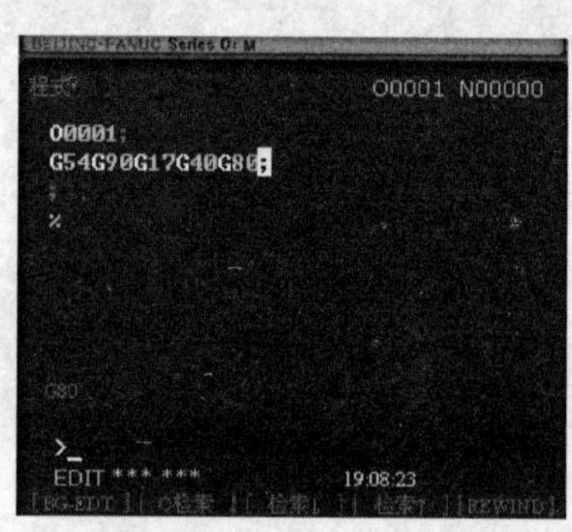

图 5-12　程序输入界面

2. 运行程序

单击按钮运行程序，单击按钮开始加工，单击按钮暂停加工。加工过程数控屏幕显示如图 5-13 所示。显示面板左下角有 MEM 代表程序在加工准备状态，白色光标代表当前程序加工的行数。

在加工过程中，数控铣床及加工中心工件部分会显示加工路线，如图 5-14 所示。

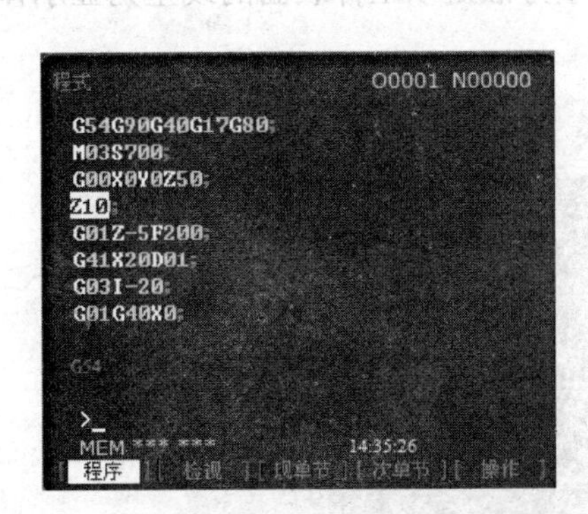

图 5-13　数控铣床及加工中心加工屏幕显示

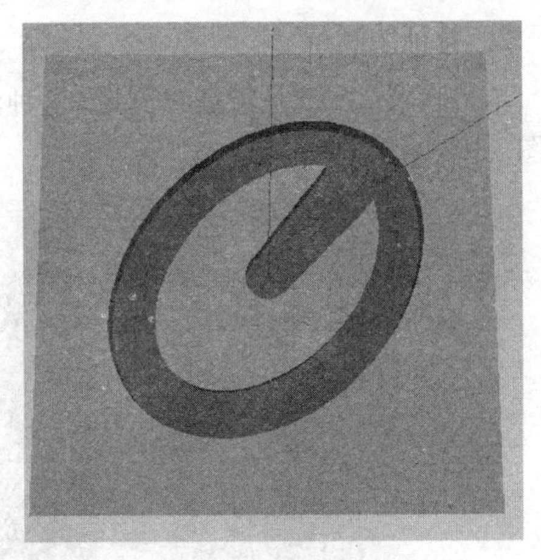

图 5-14　加工路线显示

5.2.2　数控铣床及加工中心工件检测

加工完毕，单击按钮测量工件。测量方法分为三种，下面分别介绍。

1．特征点测量

单击按钮，就是特征点测量，这种测量方法是工件以点为显示体，如图 5-15 所示。

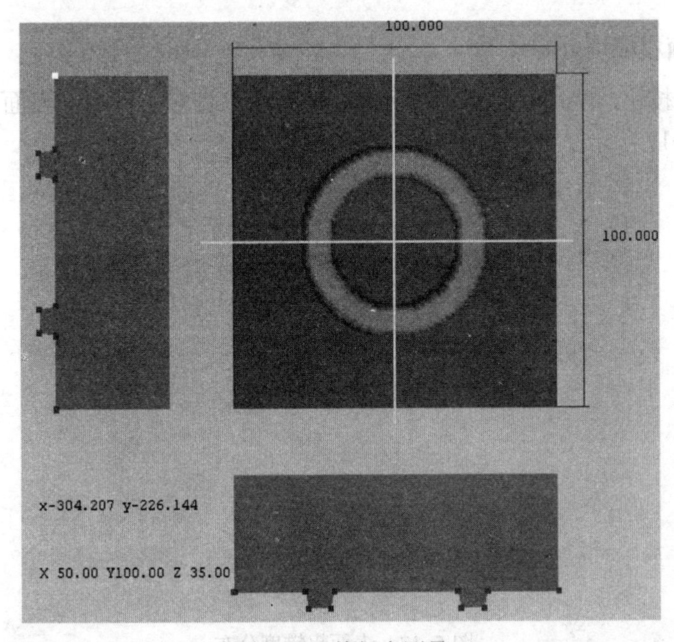

图 5-15　特征点测量

2. 特征线测量

单击按钮，就是特征线测量，这种测量方法是以工件表面的线型为显示体，如图 5-16 所示。

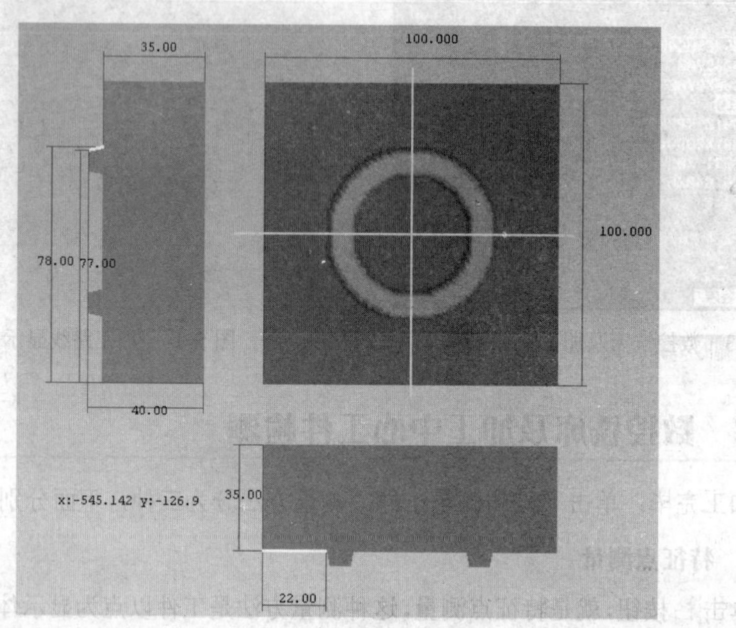

图 5-16 特征线测量

3. 表面粗糙度分布

单击按钮，就是表面粗糙度分布，这是用来查看工件加工表面粗糙度的方法，如图 5-17 所示。

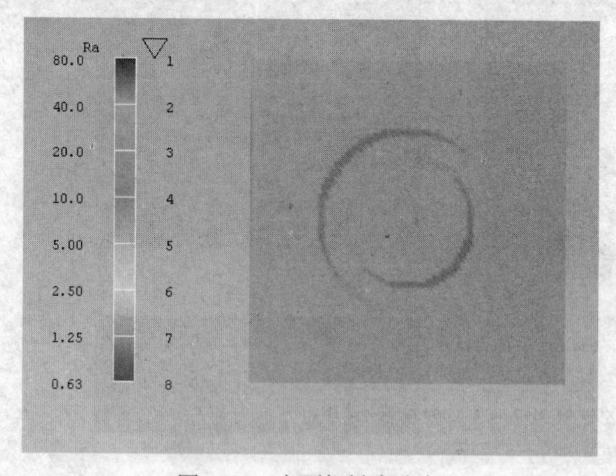

图 5-17 表面粗糙度分布

第 6 章

斯沃 V7.10 数控车床仿真实例

数控车床加工是机械加工中应用最广泛的方法之一，主要用于轴类、盘类等回转体零件的加工，能够通过程序控制自动完成内外圆柱面、圆锥面、螺纹等工序的切削加工，并进行钻孔、扩孔、铰孔等加工，此外应用一些通用夹具或专用夹具，可以完成一些非回转体零件的回转表面加工。

数控车床由床身、主轴箱、刀架进给系统、液压系统、冷却系统、润滑系统等部分组成。数控车床有高精度、高效率、高柔性、高可靠性、传动链短、刚性好、转速较高、可实现无极变速等优点。

本章主要讲解数控车床编程基本指令代码应用，通过 14 个实例介绍斯沃 V7.10 数控车床仿真的具体应用，讲述斯沃数控车床仿真的流程、操作、方法和技巧。

6.1 零件内、外径及端面切削固定循环数控车床仿真加工

6.1.1 零件图样及信息分析

该零件为外径圆柱表面加工零件，选择毛坯材料为 08F 低碳钢、直径为 32mm、长度为 80mm 的棒料。如图 6-1 所示，零件所需加工部分直径为 20mm、长度为 15mm。

该零件为端面加工零件，如图 6-2 所示。选择毛坯材料为 08F 低碳钢、直径为 58mm、长度为 35mm 的棒料。需要加工的圆柱直径为 20mm、长度为 15mm。

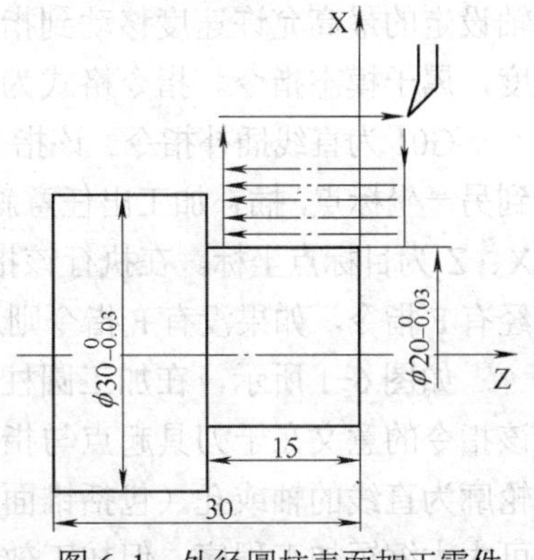

图 6-1　外径圆柱表面加工零件

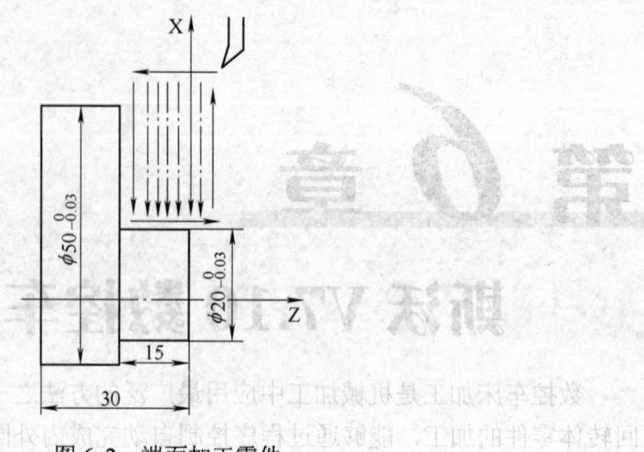

图 6-2　端面加工零件

6.1.2　相关基础知识

在加工过程中，首先建立工件坐标系。工件坐标系是编程人员在编程和加工时使用的坐标系，是程序的参考坐标系，其位置以机床坐标系为参考点。编程加工时，以刀具远离工件端面的方向为 Z 轴正方向，以刀具远离回转中心的方向为 X 轴正方向，即由圆心沿半径方向为 X 轴正方向。X、Z 轴坐标有绝对坐标和增量坐标两种方式，绝对坐标用 X__ Z__来表示 X、Z 轴的坐标值；增量坐标用 U__ W__来表示 X、Z 轴的坐标值。

编程加工时，单位尺寸设定有 G20、G21。其中，G20 表示寸制尺寸，G21 表示米制尺寸，G21 为默认值。

G00 为快速点定位指令。该指令使刀具以点位控制方式从刀具所在位置按各轴设定的最高允许速度移动到指定位置，没有运动轨迹要求，不需要规定进给速度，属于模态指令。指令格式为 G00 X__ Z__，其中，X、Z 为目标点坐标。

G01 为直线插补指令。该指令按程序段中规定的进给速度 F，由某坐标点移动到另一坐标点，插补加工出任意斜率的直线。指令格式为 G01 X__ Z__ F__，其中，X、Z 为目标点坐标。在执行该指令时，在该程序段中必须具有或者在前段指令已经有 F 指令，如果没有 F 指令则进给速度被认为是零。G01 和 F 均为模态指令。

如图 6-1 所示，在加工圆柱表面时，采用内、外径车削固定循环指令 G90，该指令的意义在于刀具起点与指定的终点间形成一个封闭的图形。G90 一般用于轮廓为直线的轴或孔（包括锥面）的粗加工，相对于用插补指令编写加工程序，可大大缩短加工程序，但加工效率低于插补指令编写的加工程序。指令格式：

圆柱面加工时：G90 X（U）___ Z（W）___ F___ ；

式中，X、Z 为工件坐标系中切削终点的坐标值；U、W 为工件坐标系中，切削终点相对于循环起点在 X、Z 坐标轴上的位移量，为矢量，有大小和方向。

运用 G90 指令进行编程时，加工循环起始点是根据毛坯的大小来确定的。G90 指令执行完毕后，刀具返回加工循环起始点。

如图 6-2 所示，端面加工时，采用端面车削固定循环加工指令 G94，该指令主要用于加工长径比较小的盘类工件。它的车削特点是利用刀具的端面切削刃作为主切削刃，实现端面切削循环和带锥度的端面切削循环。指令格式：

端面加工时，G94 X（U）___ Z（W）___ F___ ；

带锥度端面加工时，G94 X（U）___ Z（W）___ R___ F___ ；

式中，X、Z 为工件坐标系中切削终点的坐标值；U、W 为工件坐标系中，切削终点相对于循环起点在 X、Z 坐标轴上的位移量，为矢量，有大小和方向；R 为锥面加工时，切削起点的半径与切削终点的半径的差值。

6.1.3 加工方法

在加工圆柱表面时，采用内、外径车削固定循环指令 G90，刀具从起点先按 X 方向起刀，走一个矩形的走刀轨迹，如图 6-1 所示。按刀具走刀方向，第一刀为 G00 方式动作；第二刀为 G01 方式切削工件外圆；第三刀为 G01 方式切削工件端面；第四刀为 G00 方式快速退刀回起刀点。

在加工端面时，端面车削固定循环指令 G94，刀具先沿 Z 方向快速走刀，再车削工件端面，退刀光整外圆，再快速退刀回起点。如图 6-2 所示，按刀具走刀方向，第一刀为 G00 方式快速走刀；第二刀切削工件端面；第三刀 Z 向退刀光整工件外圆；第四刀 G00 方式快速退刀回起点。

具体加工工艺分析：

1）利用自定心卡盘装夹工件左端，工件伸出长度为 35mm 左右，通过试切法对刀，以工件右端回转中心为零点，建立工件坐标系。

2）粗加工右端外圆轮廓，分别采用内、外径车削固定循环指令 G90，端面车削固定循环指令 G94，对工件进行切削。X 方向留 0.2mm 的精加工余量，Z 方向留 0.1mm 的精加工余量，精加工右端尺寸。

3）精加工右端外圆轮廓。

4）检测加工尺寸。

6.1.4 加工路线

加工圆柱表面（图 6-1）时，在数控系统 FANUC 0i T 界面中，选择“工件测量”→“刀路测量（调试）”，如图 6-3 所示，显示零件加工程序的加工路线，如图 6-4 所示。

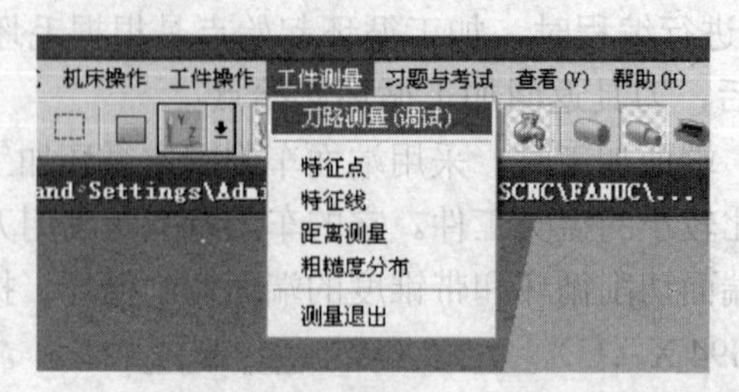

图 6-3 刀路测量（调试）

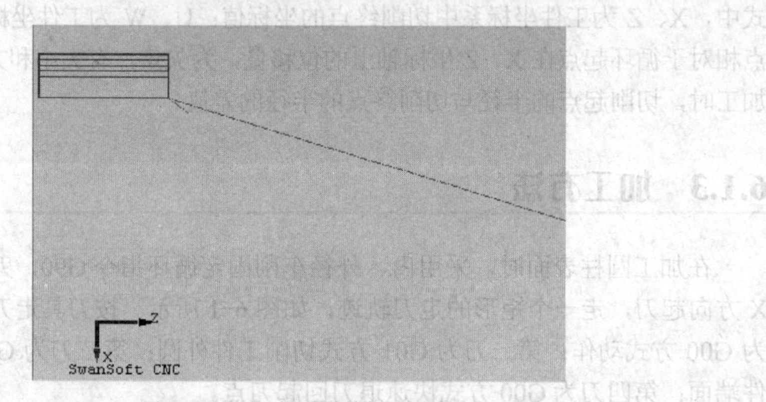

图 6-4 圆柱表面零件加工路线

加工端面（图 6-2）时，加工路线如图 6-5 所示。

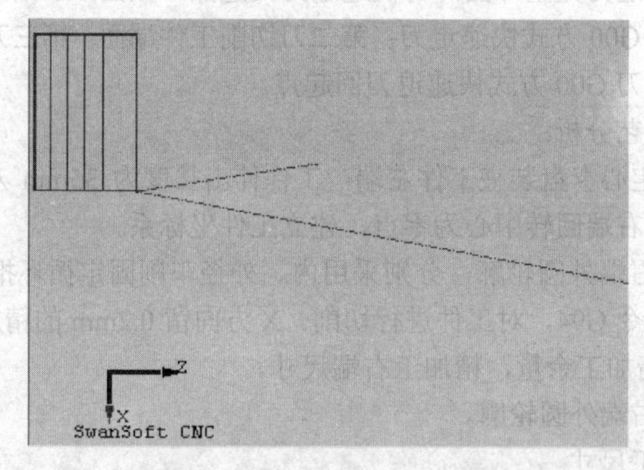

图 6-5 端面零件的加工路线

6.1.5 数控加工工序卡

数控加工工序卡见表 6-1。

表 6-1　数控加工工序卡

×××机械厂	数控加工工序卡		产品名称		零件名称	零件图号	
			××××		轴类零件	××××	
工艺序号	程序编号	夹具名称	夹具编号		使用设备	车间	
×××	P ××××	自定心卡盘	×××		数控车床	××××	
工步号	工步名称	工步内容	刀位号	刀具规格	主轴转速 /（r/min）	进给速度 /（mm/min）	切削厚度 /mm
1	装夹毛坯，建立工件坐标系	右端面，回转中心位置					
2	粗加工右端直径	直径 20mm，长度 15mm	T1	外圆车刀	800	100	0.5
3	精加工右端直径	右端直径 20mm，长度 15mm	T1	外圆车刀	1200	60	0.25
4	更换为ϕ52mm 毛坯，建立工件坐标系	右端面，回转中心位置					
5	粗加工右端直径	直径 20mm，长度 15mm	T2	外圆车刀	800	100	0.5
6	精加工右端直径	直径 20mm，长度 15mm	T2	外圆车刀	1200	60	0.25
编制		审核		批准		第　页	共　页

6.1.6　数控刀具明细表

数控刀具明细表见表 6-2。

表 6-2　数控刀具明细表

数控刀具明细表	零件名称	零件图号	材料		程序编号		车间	使用设备
	内外径及端面	×××	45 钢		P ××××		×××	数控车床
刀具号	刀位号	刀具名称	刀具型号	半径补偿号	刀具长度	长度补偿号	换刀方式	加工部位
1	T1	外圆车刀	75°，左偏		160mm	01	自动	右端
2	T2	外圆车刀	75°，左偏		160mm	02	自动	右端
编制		审核		批准			共　页	第　页

6.1.7　零件程序

圆柱零件表面加工（图 6-1），加工程序如下。

%
O0001;　　程序号
N10 M03 S800;　　主轴正转，转速为 800r/min
N20 T0101;　　刀具号，75° 外圆车刀
N30 G00 X35 Z5;　　G00 快速定位至加工循环起始点（35，5）
N40 G90 X28 Z-14.9 F100;　　第一点的循环终点 X 向单边切深 1mm，表面留精加工余量 0.1mm

N50 X26;	第二点的循环终点
N60 X24;	第三点的循环终点
N70 X22;	第四点的循环终点
N80 X20.5;	第五点的循环终点
N90 X20 Z-15 S1200 F60;	第六点的循环终点，精加工零件，主轴转速为 1200 r/min
N100 G00 X100 Z100;	返回起刀点
N110 M30;	程序结束
%	

加工图 6-2 所示端面零件，程序如下。

%	
O0003	程序号
N10 M03 S800;	主轴正转，转速为 800r/min
N20 T0202;	刀具号，75° 外圆车刀
N30 G00 X60 Z2;	G00 快速定位至加工循环起始点
N40 G94 X20.2 Z-2 F100;	粗车，Z 向切深 2mm
N50 Z-4;	第二点的循环终点
N60 Z-6;	第三点的循环终点
N70 Z-8;	第四点的循环终点
N80 Z-9.8;	第五点的循环终点
N90 X20 Z-10 F80 S1200;	精加工零件
N100 G00 X100 Z100;	返回起刀点
N110 M30;	程序结束
%	

6.1.8　仿真加工

在编辑方式 Edit 下编辑好程序后，将光标移到程序号开头，单击自动方式 Auto，然后按下循环启动按钮，对工件进行仿真加工，运行过程如图 6-6、图 6-7 所示。

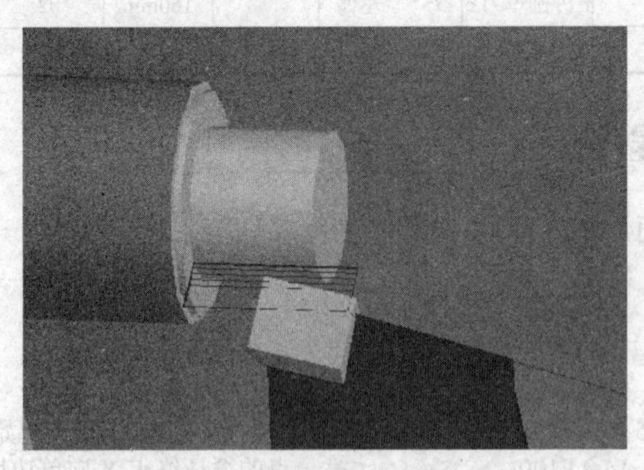

图 6-6　圆柱表面加工模拟仿真

图 6-7 端面加工模拟仿真

6.1.9 检测与分析

在数控系统 FANUC 0i T 界面中，选择“工件测量”→“特征线”，如图 6-8 所示，显示工件加工后的尺寸，如图 6-9 所示，由测量可知，圆柱表面加工零件的右端直径为 20.00mm，其长度为 14.96mm，表面粗糙度 *Ra* 为 8.72μm。

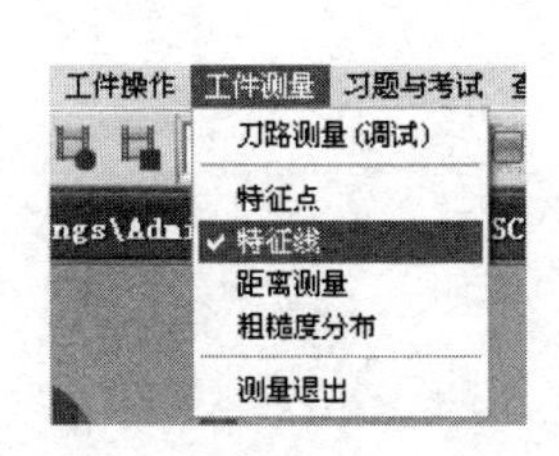

图 6-8 工件测量特征线

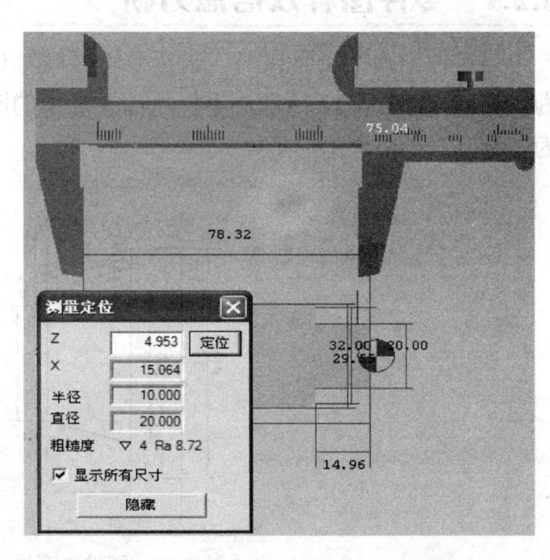

图 6-9 圆柱表面加工零件尺寸测量

如图 6-10 所示，由测量可知，端面加工零件的右端直径为 20.00mm，其长度为 9.99mm，表面粗糙度 *Ra* 为 7.92μm。

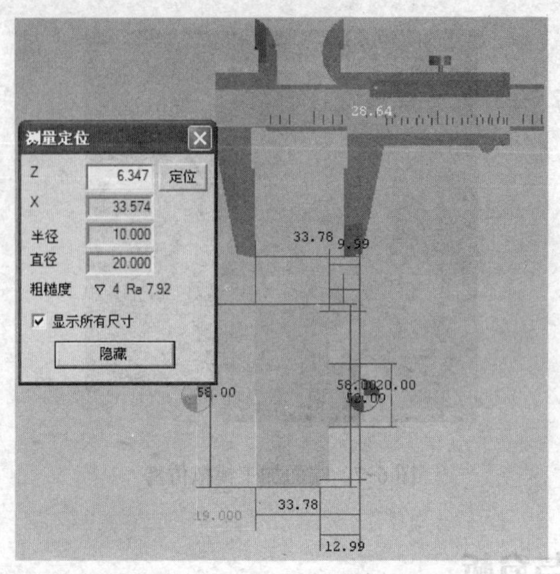

图 6-10　端面加工零件测量尺寸

6.2　零件锥面切削固定循环数控车床仿真加工

6.2.1　零件图样及信息分析

该零件为圆锥表面加工，选择毛坯材料为 08F 低碳钢，直径为 40mm、长度为 35mm。如图 6-11 所示，零件所需要加工的圆锥小端直径为 20mm、大端直径为 28mm。

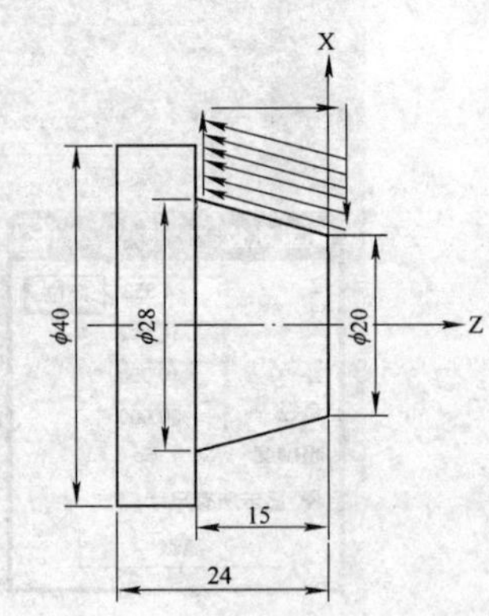

图 6-11　圆锥表面加工零件

6.2.2　相关基础知识

如图 6-11 所示，在加工圆锥表面时，采用单一固定形状循环指令 G90。指令格式：

G90 X（U）___ Z（W）___ R___ F___ ；

式中　R 为锥面加工时，切削起点的半径与切削终点的半径的差值，即被加工锥面两端直径差的 1/2，具体计算为右端面半径尺寸减去左端面半径尺寸。进行圆锥加工时，为了防止刀具与工件干涉，将刀具偏离圆锥进刀处延长线，而此时刀具起点的 Z 向坐标值与实际锥度的起点 Z 向坐标值不吻合，所以，应该计算出锥面起点与终点处的实际直径差，否则会导致锥度错误。

6.2.3　加工方法

在加工圆锥表面时，单一固定形状循环指令 G90，刀具从起点先按 X 方向起刀，走一个梯形的走刀轨迹，如图 6-11 所示。按刀具走刀方向，第一刀为 G00 方式动作；第二刀为 G01 方式切削工件外圆锥；第三刀为 G01 方式切削工件端面；第四刀为 G00 方式快速退刀至起刀点。

具体加工工艺分析：

1）利用自定心卡盘装夹工件左端，工件伸出长度为 30mm 左右，通过试切法对刀，以工件右端回转中心为零点，建立工件坐标系。

2）粗加工右端锥面轮廓，X 方向留 0.2mm 的精加工余量，Z 方向留 0.1mm 的精加工余量。

3）精加工右端锥面轮廓。

4）检测加工尺寸。

6.2.4　加工路线

在加工圆锥表面时，加工程序走刀路线如图 6-12 所示。

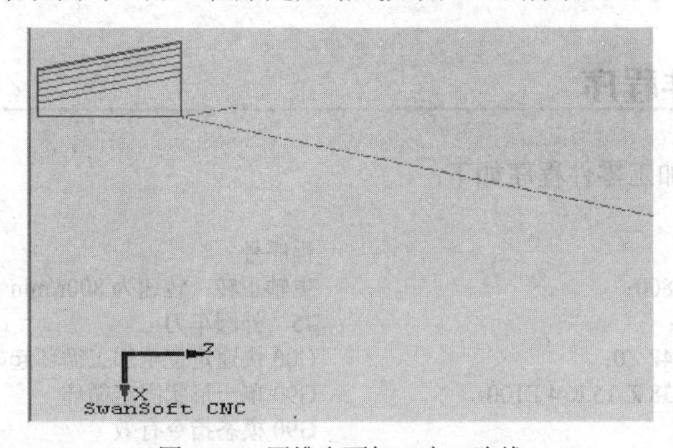

图 6-12　圆锥表面加工走刀路线

6.2.5　数控加工工序卡

数控加工工序卡见表 6-3。

表 6-3　数控加工工序卡

×××机械厂	数控加工工序卡		产品名称	零件名称		零件图号	
			×××	轴类零件		××××	
工艺序号	程序编号	夹具名称	夹具编号	使用设备		车间	
×××	P ××××	自定心卡盘	×××	数控车床		××××	
工步号	工步名称	工步内容	刀位号	刀具	主轴转速 /（r/min）	进给速度 /（mm/min）	切削厚度 /mm
1	建立工件坐标系	右端面，回转中心位置					
2	粗加工	圆锥	T1	外圆车刀	800	100	1
3	精加工	圆锥	T1	外圆车刀	1200	60	0.25
编制		审核		批准		第　页	共　页

6.2.6　数控刀具明细表

数控刀具明细表见表 6-4。

表 6-4　数控刀具明细表

数控刀具明细表	零件名称	零件图号	材料		程序编号		车间	使用设备
	锥面切削	×××	45 钢		P ××××		×××	数控车床
刀具号	刀位号	刀具名称	刀具型号	半径补偿号	刀具长度	长度补偿号	换刀方式	加工部位
1	T1	外圆车刀	75°，左偏		160mm	01	自动	右端
编制		审核		批准			共　页	第　页

6.2.7　零件程序

圆锥表面加工零件程序如下：

```
%
O0004;                              程序号
N010 M03 S800;                      主轴正转，转速为 800r/min
N020 T0101;                         75° 外圆车刀
N030 G00 X42 Z0;                    G00 快速定位至加工循环起始点
N040 G90 X38 Z-15 R-4 F100;         G90 单一形状固定循环
N050 X36;                           G90 模态指令有效
N060 X34;
```

```
N070 X32;
N080 X30;
N090 X28.5;
N100 X28 Z-15 F60 S1200;            精加工零件
N110 G00 X100 Z100;                 G00 快速退刀
N120 M30;                           程序结束
%
```

6.2.8 仿真加工

圆锥表面加工仿真如图 6-13 所示。

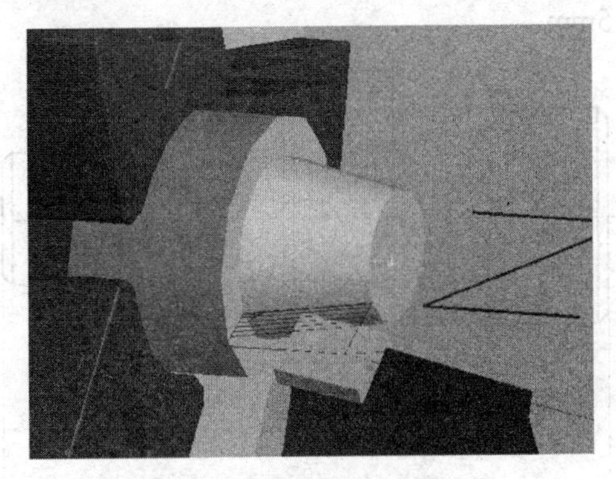

图 6-13 圆锥表面加工仿真

6.2.9 检测与分析

如图 6-14 所示，由测量可知，圆锥表面加工零件左端直径为 27.99mm，其长度为 14.98mm，表面粗糙度 *Ra* 为 8.72μm。

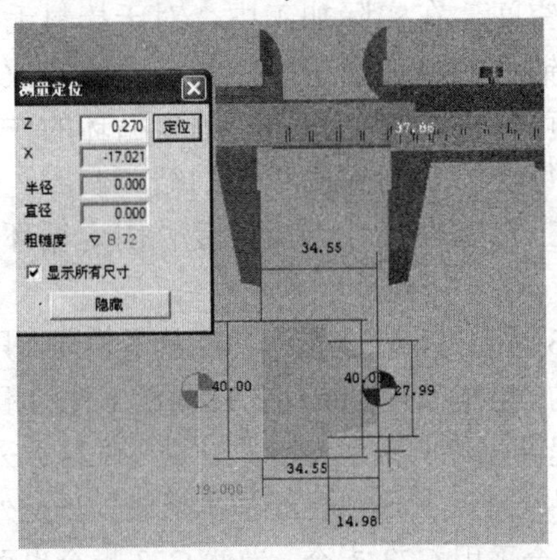

图 6-14 圆锥表面加工工件尺寸测量

6.3 零件外径复合循环数控车床仿真加工

6.3.1 零件图样及信息分析

该零件为一个简单的阶梯轴类，选择零件毛坯材料为 08F 低碳钢、直径为 38mm、长度为 76mm。如图 6-15 所示，零件所要加工部分右端尺寸分别为$\phi16_{-0.021}^{\ 0}$ mm、长度 15mm，$\phi24_{-0.021}^{\ 0}$ mm、长度 20mm；左端尺寸分别为$\phi26_{-0.021}^{\ 0}$ mm、长度 25mm，$\phi35_{-0.021}^{\ 0}$ mm、长度 15mm。

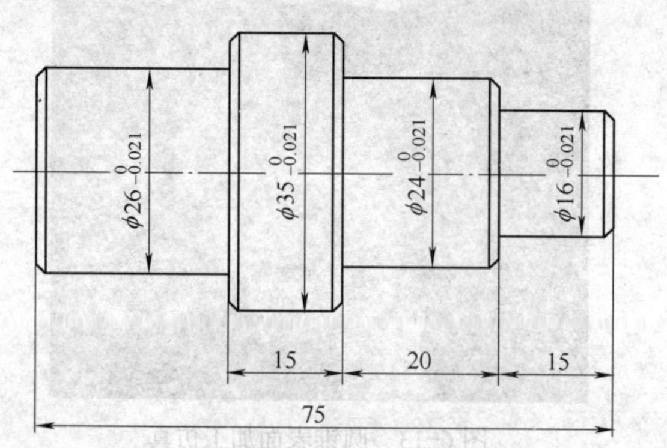

图 6-15 零件外径复合循环加工零件

6.3.2 相关基础知识

对于加工余量较大的零件表面，采用循环程序加工，可以缩短程序段的长度，减少所占内存空间。在实际加工中，对于棒料毛坯车削阶梯相差较大的轴，或去除铸件、锻件的毛坯余量时，都有一些多次重复进行的动作，此时利用复合固定循环可以大大简化程序。固定循环的作用是确定零件最终的外形轮廓，通过指令每次的切削深度和切削循环次数，机床就会自动地重复循环切削工件直至加工至零件尺寸为止。复合固定循环指令有 G71、G72、G73、G74、G75 等。

粗车循环指令 G73 与 G71、G72 指令功能基本相同，只是刀具路径是按工件精加工轮廓进行循环的。粗车循环主要用于已成形工件的粗车循环加工，如锻件、铸件。为节约材料，提高工件的力学性能，轴类零件往往采用铸造方法使零件毛坯尺寸接近工件的成品尺寸，其形状已经基本形成，只是外径、长度较成品大一些。此类零件的加工适合采用 G73 指令，当然 G73 指令也可用于加工普通未切除余料的棒料毛坯。当 G73 指令用于未切除余料的棒料毛坯切削时，会有较多的空刀行程，因此应尽可能使用 G71、G72 指令切除余料，在描述精加工刀具路径时应封闭。

对于图 6-15 的简单轴类零件，由于毛坯为未切除余料的棒料，故应用内、外径粗车复合循环指令 G71 和精加工循环指令 G70。其中，G71 指令适用于棒料毛坯粗车外径和粗车内径。在 G71 指令后面描述零件的精加工轮廓，CNC 系统根据加工程序所描述的轮廓形状和 G71 指令内的各个参数自动生成加工路径，将粗加工待切除的余料切削掉，并保留设定的精加工余量。

指令格式：

```
G00 X ___ Z___ ;
    G71 UΔd  Re ;
    G71 Pns  Qnf  UΔu  W Δw  F___ S___ T___ ;
…………;
    G70 Pns  Qnf ;
```

式中，Δd 为每次循环的切削深度（半径值、正值）；e 为每次切削的退刀量；ns 为精加工程序第一个程序段的序号；nf 为精加工程序最后一个程序段的序号；Δu 为 X 轴方向精加工余量；Δw 为 Z 轴方向精加工余量。

G71 程序段本身不进行精加工，粗加工是按后续程序段 ns、nf 给定的精加工编程轨迹沿着平行于 Z 轴的方向进行。G71 程序段不能省略除 F、S、T 以外的地址符。G71 程序段中的 F、S、T 只有在循环时有效，精加工时处于 ns 到 nf 程序段之间的 F、S、T 有效。循环中的第一个程序段必须包含 G00 或 G01 指令，即动作必须是直线或点定位运动，但不能有 Z 轴方向的移动。G71 循环时，可以进行刀具位置补偿，但不能进行刀尖半径补偿。因此，在 G71 指令前必须取消原有的刀尖半径补偿。G71 指令可用于加工内孔，在加工时，第一刀走刀有且仅有 X 方向走刀动作。循环起点的选择应在接近工件处，以缩短刀尖行程，避免空走刀。

6.3.3　加工方法

加工该工件时，首先将工件右端装夹在自定心卡盘上，加工左端直径和长度尺寸，然后调头装夹工件左端，加工右端工件直径和长度尺寸。

具体加工工艺分析：

1）利用自定心卡盘装夹工件右端，工件伸出长度为 40mm 左右，通过试切法对刀，以工件左端回转中心为零点，建立工件坐标系。

2）粗加工左端轮廓，通过编制程序，车削工件左端 $\phi26_{-0.021}^{\ 0}$ mm、长度 25mm

和 $\phi35_{-0.021}^{\ 0}$ mm、长度 15mm，X 方向留 0.2mm 的精加工余量，Z 方向留 0.1mm 的精加工余量，精加工左端尺寸。

3）调头装夹工件，利用自定心卡盘装夹工件左端，工件伸出长度为 40mm 左右，通过试切法对刀，以工件右端回转中心为零点，建立工件坐标系。

4）粗加工右端轮廓，通过编制程序，车削工件右端 $\phi16_{-0.021}^{\ 0}$ mm、长度 15mm 和 $\phi24_{-0.021}^{\ 0}$ mm、长度 20mm，X 方向留 0.2mm 的精加工余量，Z 方向留 0.1mm 的精加工余量，精加工右端尺寸。

5）检测加工尺寸。

6.3.4　加工路线

工件左端加工路线如图 6-16 所示。工件右端加工路线如图 6-17 所示。

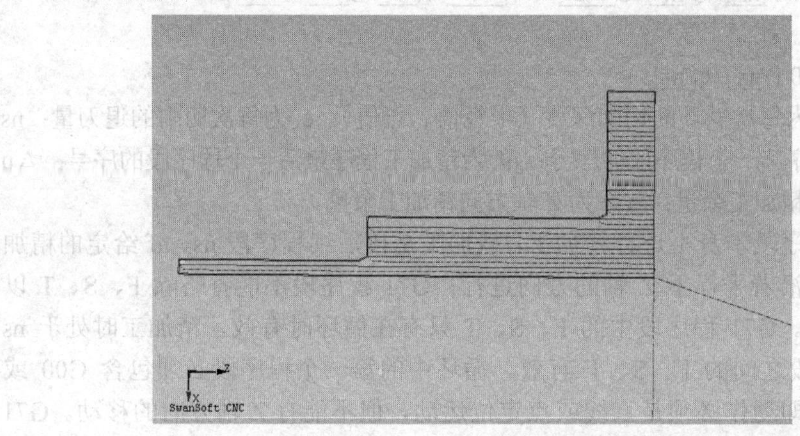

图 6-16　工件左端加工路线

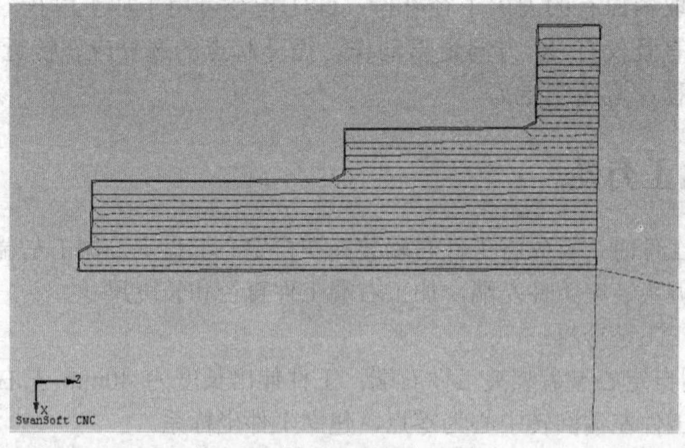

图 6-17　工件右端加工路线

6.3.5　数控加工工序卡

数控加工工序卡见表 6-5。

表 6-5　数控加工工序卡

××× 机械厂	数控加工工序卡		产品名称	零件名称		零件图号	
			×××	轴类零件		××××	
工艺序号	程序编号	夹具名称	夹具编号	使用设备		车间	
×××	P ××××	自定心卡盘	×××	数控车床		××××	
工步号	工步名称	工步内容	刀位号	刀具规格	主轴转速 /（r/min）	进给速度 /（mm/min）	切削厚度 /mm
1	左端粗加工	车削ϕ26mm，ϕ35mm	T1	外圆车刀	800	100	0.5
2	左端精加工	车削ϕ26mm，ϕ35mm	T1	外圆车刀	1200	60	0.1
3	右端粗加工	车削ϕ16mm，ϕ24mm	T1	外圆车刀	800	100	0.5
4	右端精加工	车削ϕ16mm，ϕ24mm	T1	外圆车刀	1200	60	0.1
编制		审核		批准		第　页	共　页

6.3.6　数控刀具明细表

数控刀具明细表见表 6-6。

表 6-6　数控刀具明细表

数控刀具 明细表	零件名称	零件图号	材料		程序编号		车间	使用设备
	阶梯轴	×××	45 钢		P ××××		×××	数控车床
刀具号	刀位号	刀具名称	刀具型号	半径补偿号	刀具长度/mm	长度补偿号	换刀方式	加工部位
1	T1	外圆车刀	75°，左偏		160	01	自动	左端
2	T1	外圆车刀	75°，左偏		160	02	自动	右端
编制		审核		批准			共　页	第　页

6.3.7　零件程序

左端加工时，零件程序如下：

```
%
O0001;                    程序号
N010 M03 S800;            主轴正转，转速为 800r/min
N020 T0101;               刀具号 1
```

N030 G00 X38 Z5；	G00 快速定位加工起始点（38，5）
N040 G71 U1 R0.5；	G71 粗车加工复合循环，切削厚度 1mm，退刀量 0.5mm
N050 G71 P60 Q170 U0.2 W0.1 F100；	X 方向精加工余量 0.2 mm，Z 方向精加工余量 0.1 mm
N060 G01 X0；	左端外圆粗加工
N070 Z0；	
N080 X15；	
N090 X16 Z-1；	
N100 Z-15；	
N110 X23；	
N120 X24 Z-16；	
N130 Z-35；	
N140 X34；	
N150 X35 Z-36；	
N160 X38；	
N170 Z5；	
N180 M03 S1200；	主轴正转，转速为 1200r/min
N190 G70 P60 Q170 F60；	左端外圆精加工
N200 G00 X100；	快速退刀移动至 X100
N210 Z100；	快速退刀移动至 Z100
N220 M30；	程序结束
%	

右端加工时，零件程序如下：

%	
O0300；	程序号
N010 M03 S800；	主轴正转，转速为 800r/min
N020 T0102；	刀具号 1
N030 G0 X38 Z5；	G00 快速定位加工起始点（38，5）
N040 G71 U1 R0.5；	G71 粗车加工复合循环，切削厚度 1mm，退刀量 0.5mm
N050 G71 P60 Q140 U0.2 W0.1 F100；	X 方向精加工余量 0.2mm，Z 方向精加工余量 0.1mm
N060 G01 X0；	右端轮廓加工程序
N070 Z0；	
N080 X15；	
N090 X16 Z-1；	
N100 Z-15；	
N110 X23；	
N120 X24 Z-35；	
N130 X34；	
N140 X35Z-36；	
N150 X38；	
N160 Z5；	
N170 M03 S1200；	主轴正转，转速为 1200r/min

```
N180 G70 P60 Q140 F60;          右端轮廓精加工
N190 G0 X100;                   X/Z 向退刀
N200 Z100;
N210 M30;                       程序结束
%
```

6.3.8　仿真加工

工件左端车削仿真加工如图6-18所示。工件右端车削仿真加工如图6-19所示。

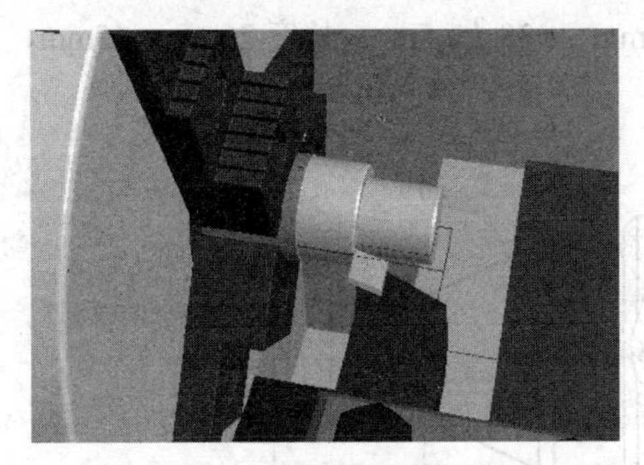

图6-18　工件左端车削仿真加工

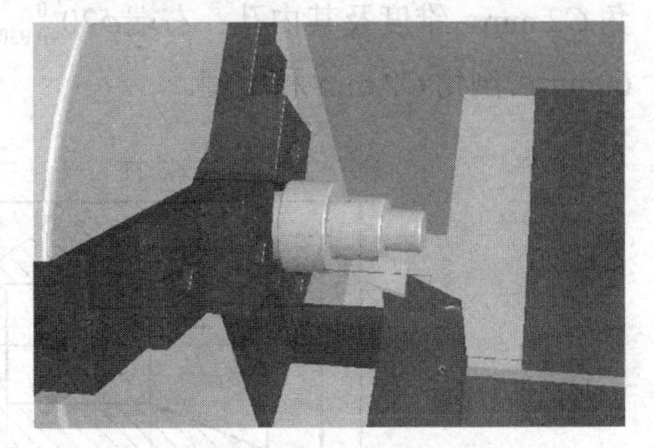

图6-19　工件右端车削仿真加工

6.3.9　检测与分析

工件各尺寸检测如图6-20所示。由测量可知，工件表面粗糙度 *Ra* 为5.00μm。

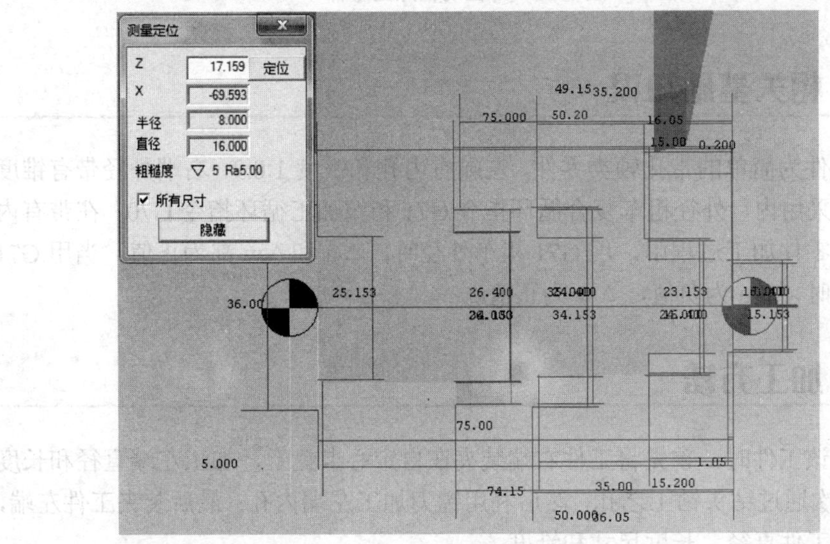

图6-20　工件尺寸测量

6.4　零件内、外径复合循环数控车床仿真加工

6.4.1　零件图样及信息分析

该零件为带有内孔的轴类零件，选择毛坯材料为 08F 低碳钢，直径为 52mm、长度为 112mm。如图 6-21 所示，零件所要加工部分为左端外圆$\phi 50_{-0.021}^{\ 0}$ mm、倒角 $C2$ mm、锥度及其内孔；右端$\phi 20_{-0.030}^{\ 0}$ mm、$\phi 38_{-0.039}^{\ 0}$ mm，长度 25mm、45mm、60mm，倒角 $C2$ mm 和锥度。

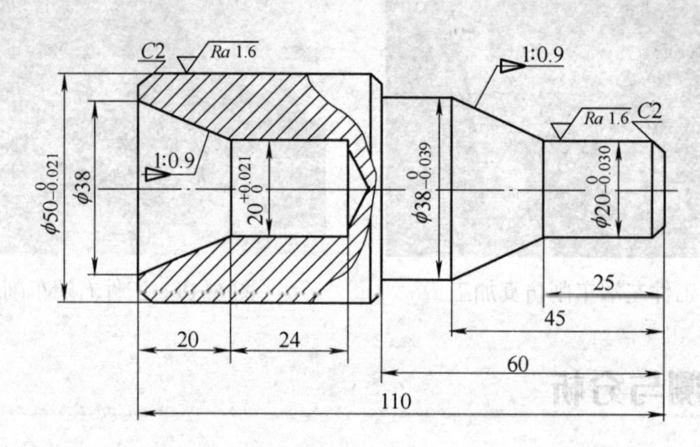

图 6-21　外圆切槽加工零件

6.4.2　相关基础知识

该零件为简单的带孔轴类零件，左端有内孔和锥度 1:0.9，右端外径带有锥度 1:0.9，应采用内、外径粗车复合循环指令 G71 和精加工循环指令 G70。在带有内孔的轴类零件加工过程中，用 G71 粗车外径时，Δu 和 Δw 都为正值；当用 G71 粗车内径时，Δu 为负值，Δw 为正值。

6.4.3　加工方法

加工该工件时，首先将工件右端装夹在自定心卡盘上，加工左端直径和长度尺寸；其次通过钻头钻工艺孔，然后利用镗刀加工左端内孔；最后装夹工件左端，加工右端工件直径、长度尺寸和锥度。

具体加工工艺分析：

1）利用自定心卡盘装夹工件右端，工件伸出长度为 45mm 左右，通过试切法对刀，以工件左端回转中心为零点，建立工件坐标系。

2）粗加工左端外圆轮廓，通过编制程序，车削工件左端$\phi 50_{-0.021}^{0}$ mm、长度 52mm 和倒角 $C2$ mm，X 方向留 0.2mm 的精加工余量，Z 方向留 0.1mm 的精加工余量，精加工左端尺寸。

3）通过直径为 18mm 的钻头钻工艺孔，然后编制程序，利用镗刀加工左端内孔锥度和$\phi 20_{0}^{+0.021}$ mm。

4）调头装夹工件，利用自定心卡盘装夹工件左端，工件伸出长度为 62mm 左右，通过试切法对刀，以工件右端回转中心为零点，建立工件坐标系。

5）粗加工右端轮廓，通过编制程序车削工件右端$\phi 20_{-0.030}^{0}$ mm、$\phi 38_{-0.039}^{0}$ mm，长度 25mm、45mm、60mm，以及锥度，X 方向留 0.2mm 的精加工余量，Z 方向留 0.1mm 的精加工余量，精加工右端尺寸。

6）检测加工尺寸。

6.4.4　加工路线

左端外圆车削及倒角的加工路线如图 6-22 所示。

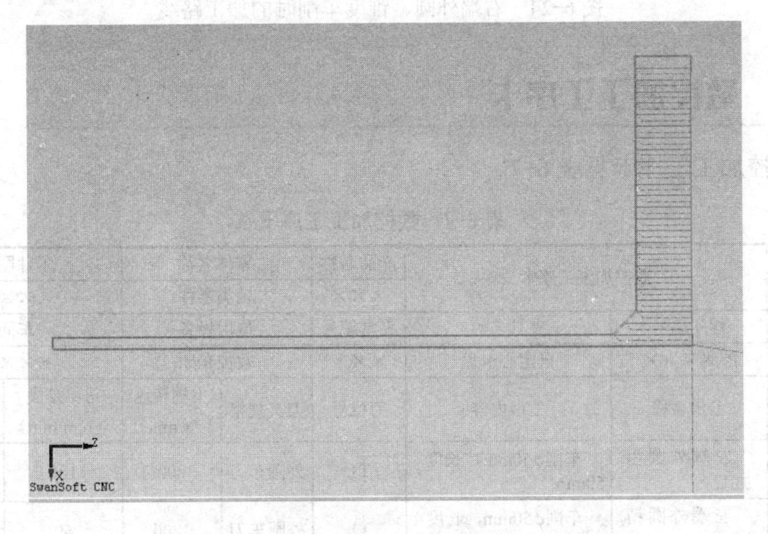

图 6-22　左端外圆车削及倒角的加工路线

左端内孔车削时，加工路线如图 6-23 所示。

右端外圆、锥度车削时，加工路线如图 6-24 所示。

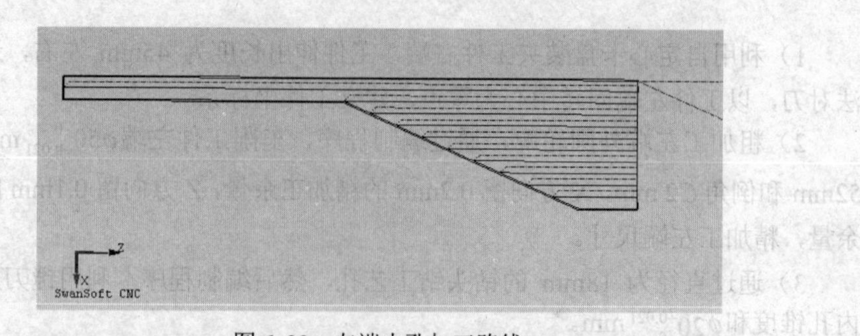

图 6-23　左端内孔加工路线

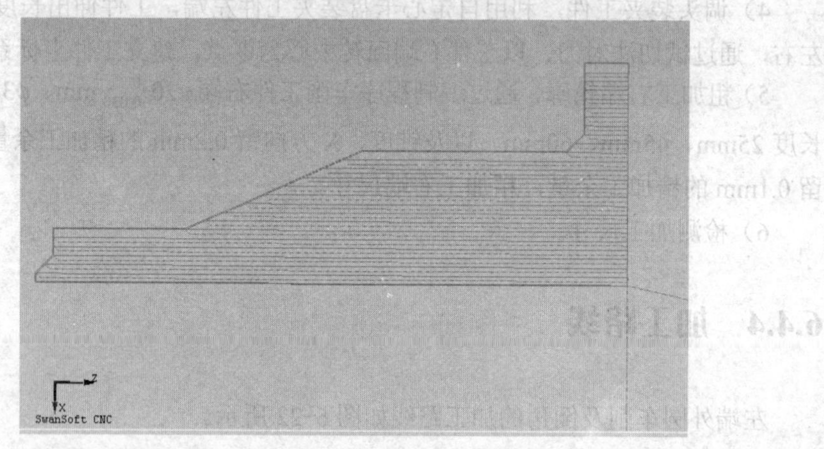

图 6-24　右端外圆、锥度车削时的加工路线

6.4.5　数控加工工序卡

数控加工工序卡见表 6-7。

表 6-7　数控加工工序卡

××× 机械厂	数控加工工序卡		产品名称	零件名称		零件图号	
			×××	轴类零件		××××	
工艺序号	程序编号	夹具名称	夹具编号	使用设备		车间	
×××	P ××××	自定心卡盘	×××	数控车床		××××	
工步号	工步名称	工步内容	刀位号	刀具规格	主轴转速 /（r/min）	进给速度 /（mm/min）	切削厚度 /mm
1	左端外圆粗加工	车削ϕ50mm，长度 50mm	T1	外圆车刀	800	100	0.5
2	左端外圆精加工	车削ϕ50mm，长度 50mm	T1	外圆车刀	1200	60	0.1
3	左端钻孔加工	钻孔ϕ18mm	T2	钻头	500	60	9
4	左端内孔粗加工	ϕ20mm 及锥度	T3	镗刀	800	100	0.5

（续）

××× 机械厂	数控加工工序卡		产品名称	零件名称		零件图号	
			×××	轴类零件		××××	
工艺序号	程序编号	夹具名称	夹具编号	使用设备		车间	
×××	P ××××	自定心卡盘	×××	数控车床		××××	
工步号	工步名称	工步内容	刀位号	刀具规格	主轴转速 /（r/min）	进给速度 /（mm/min）	切削厚度 /mm
5	左端内孔精加工	ϕ20mm 及锥度	T3	镗刀	1200	60	0.1
6	右端粗加工	车削ϕ20mm、ϕ38mm 及锥度	T1	外圆车刀	800	100	0.5
7	右端精加工	车削ϕ20mm、ϕ38mm 及锥度	T1	外圆车刀	1200	60	0.1
编制		审核		批准		第　页	共　页

6.4.6　数控刀具明细表

数控刀具明细表见表 6-8。

表 6-8　数控刀具明细表

数控刀具明细表	零件名称	零件图号	材料		程序编号		车间	使用设备
	轴	×××	45 钢		P××××		×××	数控车床
刀具号	刀位号	刀具名称	刀具型号	半径补偿号	刀具长度	长度补偿号	换刀方式	加工部位
1	T1	外圆车刀	75°，左偏		160mm		自动	外圆、锥度
2	T2	钻头	ϕ18mm		100mm			
3	T3	镗刀	55°		160mm		自动	内孔
编制		审核		批准			共　页	第　页

6.4.7　零件程序

加工左端外圆时，零件程序如下：

```
%
O0001;                                程序号
N010 M03 S800;                        主轴正转，转速为 800r/min
N020 T0101;                           刀具号 1
N030 G00 X50 Z5;                      G00 快速定位加工起始点（50，5）
N040 G71 U1 R0.5;                     G71 粗车加工复合循环，切削厚度
                                      1mm，退刀量 0.5mm
N050 G71 P60 Q110 U0.2 W0.1 F100;     X 方向精加工余量 0.2mm，Z 方向精
                                      加工余量 0.1mm
N060 G01 X0;                          左端外圆加工
```

```
N070 Z0;
N080 X44;
N090 X48 Z-2;
N100 Z-52;
N110 X50;
N120 Z5;
N130 M03 S1200;                          主轴正转，转速为 1200r/min
N140 G70 P60 Q110 F80;                   G70 左端外圆精加工循环
N150 G00 X100;                           快速移动至 X100
N160 Z100;                               快速移动至 Z100
N170 M30;                                程序结束
%
```

加工左端孔时，零件程序如下：

```
%
O0002;                                   程序号
N010 M03 S800;                           主轴正转，转速为 800r/min
N020 T0202;                              刀具号 1
N030 G00 X16 Z5;                         G00 快速定位加工起始点（16，5）
N040 G71 U1 R0.5;                        G71 粗车加工复合循环，切削厚度
                                         1mm，退刀量 0.5mm
N050 G71 P60 Q110 U-0.2 W0.1 F100;       X 方向精加工余量 0.2mm，Z 方向精
                                         加工余量 0.1mm
N060 G01 X38;                            左端内孔粗加工
N070 Z0;
N080 X20 Z-20;
N090 Z-44;
N100 X16;
N110 Z5;
N120 M03 S1200;                          主轴正转，转速为 1200r/min
N130 G70 P60 Q110 F60;                   左端内孔精加工
N140 G00 Z100;                           快速移动至 X100
N150 X100;                               快速移动至 Z100
N160 M30;                                程序结束
%
```

加工右端外圆时，零件程序如下：

```
%
O0003                                    程序号
N010 M03 S800;                           主轴正转，转速为 800r/min
N020 T0103;                              刀具号 1
N030 G00 X50 Z5;                         G00 快速定位加工起始点（50，5）
```

N040 G71 U1 R0.5；	G71 粗车加工复合循环，切削厚度 1mm，退刀量 0.5mm
N050 G71 P60 Q160 U0.2 W0.1 F100；	X 方向精加工余量 0.2mm，Z 方向精加工余量 0.1mm
N060 G01 X0；	右端外圆粗加工
N070 Z0；	
N080 X16；	
N090 X20 Z-2；	
N100 Z-25；	
N110 X38 Z-45；	
N120 Z-60；	
N130 X44 Z-60；	
N140 X48 Z-62；	
N150 X50；	
N160 Z5；	
N170 M03 S1200；	主轴正转，转速为 1200r/min
N180 G70 P60 Q160 F80；	右端外圆精加工
N190 G00 X100；	快速退刀移动至 X100
N200 Z100；	快速退刀移动至 Z100
N210 M30；	程序结束
%	

6.4.8　仿真加工

工件左端外圆车削时，仿真如图 6-25 所示。工件左端钻孔加工时，仿真如图 6-26 所示。

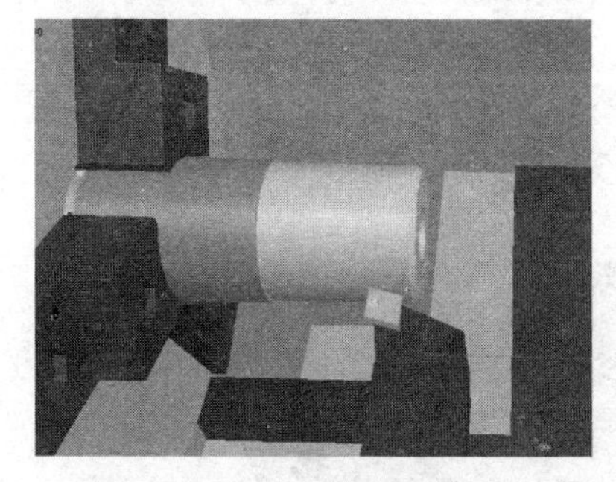

图 6-25　加工左端外圆仿真

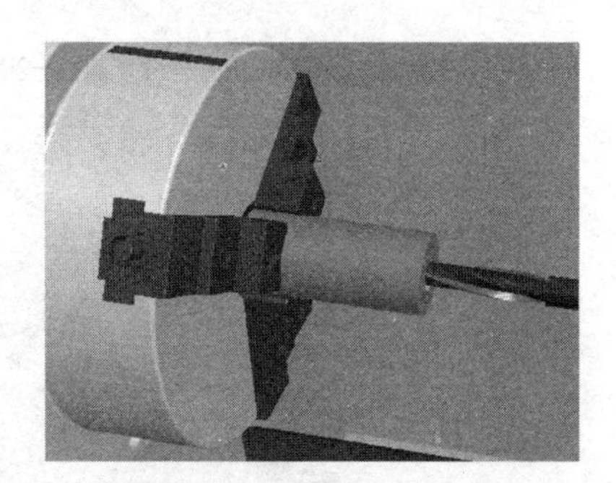

图 6-26　左端钻孔加工仿真

工件左端镗孔加工时，仿真如图 6-27 所示。工件右端外圆车削时，仿真如图 6-28 所示。

图 6-27 左端镗孔加工仿真

图 6-28 右端外圆车削仿真

6.4.9 检测与分析

工件各尺寸检测如图 6-29 所示。由测量可知，工件表面粗糙度 *Ra* 为 5.00μm，如图 6-30 所示。

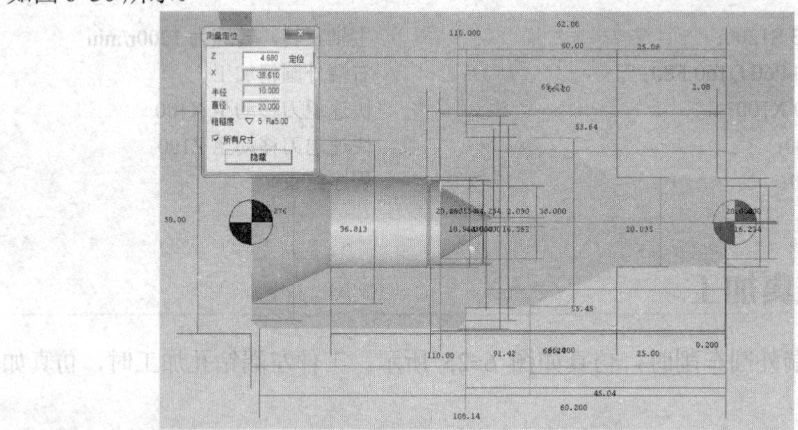

图 6-29 工件各尺寸测量

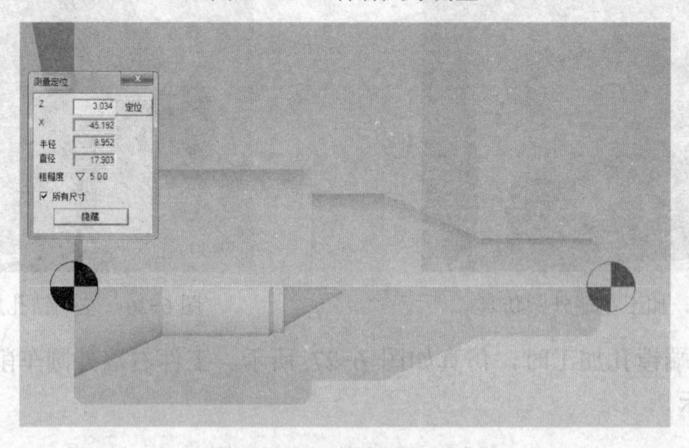

图 6-30 工件表面粗糙度

6.5　零件端面复合循环数控车床仿真加工

6.5.1　零件图样及信息分析

该零件为简单轴类零件，采用端面复合循环加工方法，选择毛坯材料为 08F 低碳钢，直径为 58mm、长度为 80mm。零件如图 6-31 所示，零件所要加工部分为外圆 $\phi 44_{-0.03}^{\ 0}$ mm、$\phi 34_{-0.03}^{\ 0}$ mm、$\phi 20_{-0.03}^{\ 0}$ mm，倒角 $C2$ mm 及圆弧 $R7$mm、$R5$ mm。

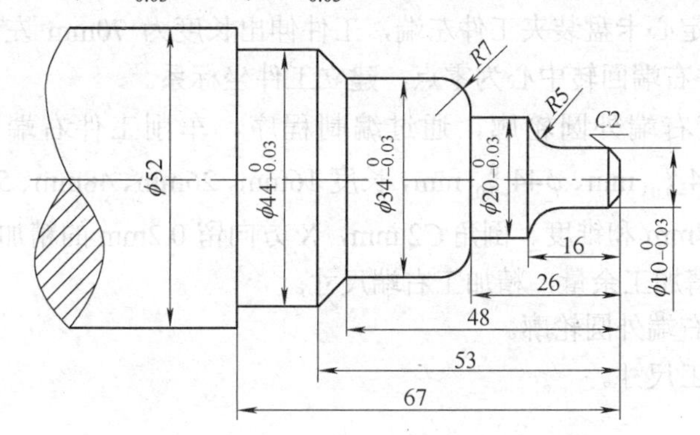

图 6-31　端面复合循环数控车床加工零件

6.5.2　相关基础知识

端面复合循环指令 G72 与 G71 指令类似，不同之处是 G72 指令刀具路径按平行于 X 轴方向循环，它是从外径方向往轴心方向切削端面的粗车循环，适合对长径比较小的盘类零件端面粗车。指令格式：

G00 X ___Z___ ；

G72 W<u>Δd</u> R<u>e</u> ；

G72 P<u>ns</u> Q<u>nf</u> U<u>Δu</u> W<u>Δw</u> F___ ；

……

G70 P<u>ns</u> Q<u>nf</u> ；

式中，Δd 为每次循环过程中轴向的背吃刀量；e 为循环过程中的退刀量；ns 为精加工程序第一个程序段的序号；nf 为精加工程序最后一个程序段的序号；Δu 为 X 轴方向精加工余量，符号取决于顺序号 ns 与 nf 间程序段所描述的轮廓形状；Δw 为 Z 轴方向精加工余量，符号取决于顺序号 ns 与 nf 间程序段所描述的轮廓形状。

G72 指令不能用于加工端面内凹的形体；精加工首刀进刀须有 Z 向动作；循环起点的选择应在接近工件处，以缩短刀具行程，避免空走刀。

6.5.3　加工方法

加工该工件时，利用端面复合循环指令 G72 进行循环加工。首先将工件左端装夹在自定心卡盘上，以右端回转中心为零点，加工右端直径、长度以及锥度、圆弧。

具体加工工艺分析：

1）利用自定心卡盘装夹工件左端，工件伸出长度为 70mm 左右，通过试切法对刀，以工件右端回转中心为零点，建立工件坐标系。

2）粗加工右端外圆轮廓，通过编制程序，车削工件右端 $\phi10_{-0.03}^{\ 0}$ mm、$\phi20_{-0.03}^{\ 0}$ mm、$\phi34_{-0.03}^{\ 0}$ mm、$\phi44_{-0.03}^{\ 0}$ mm，长度 16mm、26mm、48mm、53mm、67mm，圆弧 *R*5mm、*R*7mm 和锥度、倒角 *C*2 mm，X 方向留 0.2mm 的精加工余量，Z 方向留 0.1mm 的精加工余量，精加工右端尺寸。

3）精加工右端外圆轮廓。

4）检测加工尺寸。

6.5.4　加工路线

加工工件时，加工路线如图 6-32 所示。

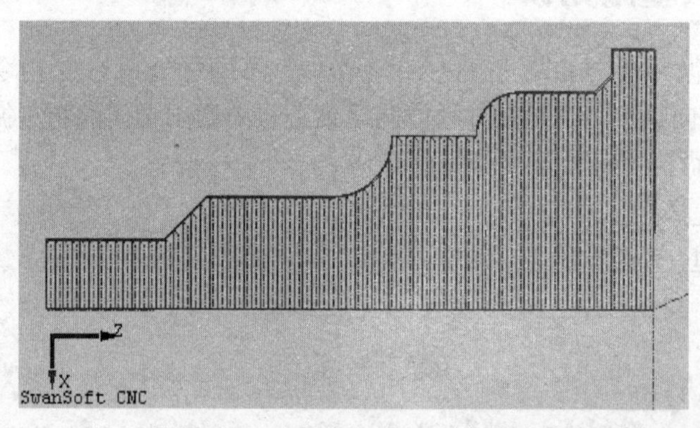

图 6-32　端面复合循环加工路线

6.5.5　数控加工工序卡

数控加工工序卡见表 6-9。

表 6-9　数控加工工序卡

××× 机械厂	数控加工工序卡		产品名称	零件名称		零件图号	
			×××	轴类零件		××××	
工艺序号	程序编号	夹具名称	夹具编号	使用设备		车间	
×××	P ××××	自定心卡盘	×××	数控车床		××××	
工步号	工步名称	工步内容	刀位号	刀具	主轴转速/（r/min）	进给速度/（mm/min）	切削厚度/mm
1	粗加工	外圆轮廓	T1	外圆车刀	800	100	0.5
2	精加工	外圆轮廓	T1	外圆车刀	1200	60	0.1
编制		审核		批准		第　页	共　页

6.5.6　数控刀具明细表

数控刀具明细表见表 6-10。

表 6-10　数控刀具明细表

数控刀具明细表	零件名称	零件图号	材料		程序编号		车间	使用设备
	阶梯轴	×××	45 钢		P ××××		×××	数控车床
刀具号	刀位号	刀具名称	刀具型号	半径补偿号	刀具长度	长度补偿号	换刀方式	加工部位
1	T1	外圆车刀	75°，左偏		160mm	01	自动	右端
编制		审核		批准			共　页	第　页

6.5.7　零件程序

端面复合循环加工时，零件程序如下：

```
O0001;                                  程序号
N010 M03 S800;                          主轴正转，转速为 800r/min
N020 T0101;                             刀具号
N030 G00 X60 Z5;                        G00 快速定位至加工循环起始点
N040 G72 W1 R0.5;                       端面复合循环指令 G72，Z 方向进刀量
                                        1mm，退刀量 0.5mm
N050 G72 P60 Q170 U0.2 W0.1 F100;       X 方向精加工余量 0.2mm，Z 方向余量
                                        0.1mm
N060 G01 X0;                            轮廓加工程序
N070 Z0;
N080 X6;
N090 X10 Z-2;
N100 Z-11;
N110 G02 X20 Z-16 R5;
N120 G01 Z-26;
N130 G03 X34 Z-33 R7;
```

```
N140 G01 Z-48;
N150 X44 Z-53;
N160 Z-67;
N170 X60;
N180 M03 S1200;            主轴正转，转速为 1200r/min
N190 G70 P60 Q170;         G70 精加工循环
N200 G00 X100;             快速移动至 X100
N210 Z100;                 快速移动至 Z100
N220 M30;                  程序结束
%
```

6.5.8　仿真加工

端面复合循环加工时，模拟仿真如图 6-33 所示。

图 6-33　端面复合循环加工模拟仿真

6.5.9　检测与分析

端面复合循环加工时，尺寸如图 6-34 所示。由测量可知，工件表面粗糙度 *Ra* 为 8.47μm。

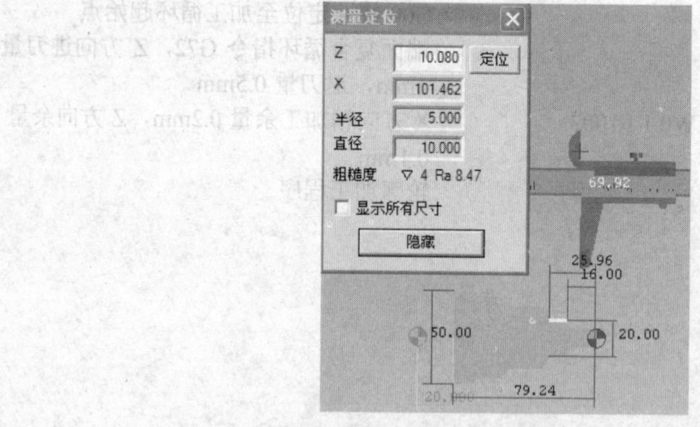

图 6-34　端面复合循环加工零件尺寸

6.6 零件外圆切槽复合循环数控车床仿真加工

6.6.1 零件图样及信息分析

该零件为带有槽的轴类零件，采用外圆切槽复合循环加工方法，选择毛坯材料为 08F 低碳钢，直径为 38mm、长度为 60mm，如图 6-35 所示。

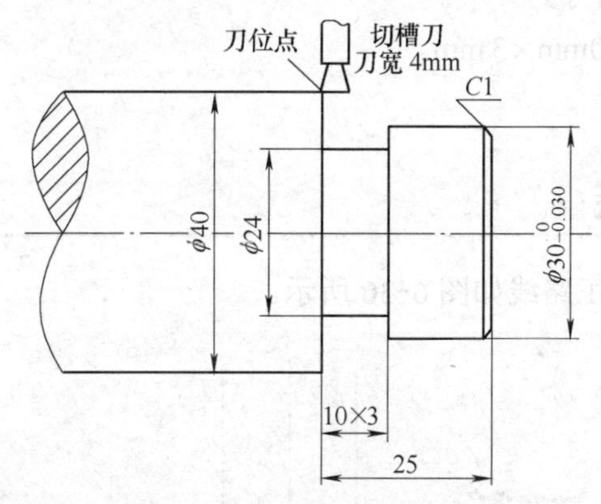

图 6-35　外圆切槽加工零件

6.6.2 相关基础知识

外圆切槽复合循环指令 G75 一般应用于外径切槽、等距槽或者钻孔的加工。指令格式：

G00 X α1 Z β1 ；切槽刀起始点坐标

G75 Re ；e 切槽过程中径向方向的退刀量

G75 Xα2 Zβ2 PΔi QΔK RΔd F ；

式中，α1、β1 为切槽刀起始点坐标；α2 为槽底直径；β2 为切槽时的 Z 向终点坐标；e 为切槽过程中径向的退刀量；Δi 为切槽过程中径向的每次切入量；ΔK 为沿径向切完一个刀宽后退出，在 Z 向的移动量；Δd 为刀具切到槽底后，在槽底沿-Z 方向的退刀量。

利用 G75 指令循环加工后，刀具回到循环的起点位置。切槽刀主要区分是左刀尖还是右刀尖对刀，防止编程出错。

6.6.3 加工方法

加工该工件时，利用外圆切槽复合循环指令 G75 进行加工。将工件左端装夹在自定心卡盘上，以右端回转中心为零点，加工右端直径、长度尺寸和槽。

具体加工工艺分析：

1）利用自定心卡盘装夹工件左端，工件伸出长度为 30mm 左右，通过试切法对刀，以工件右端回转中心为零点，建立工件坐标系。

2）粗加工右端外圆轮廓，通过编制程序，车削工件右端 $\phi 30_{-0.03}^{\ 0}$ mm、长度 25mm，X 方向留 0.2mm 的精加工余量，Z 方向留 0.1mm 的精加工余量。

3）精加工右端尺寸。

4）加工退出槽10mm×3 mm。

5）检测加工尺寸。

6.6.4　加工路线

外圆切槽时，加工路线如图 6-36 所示。

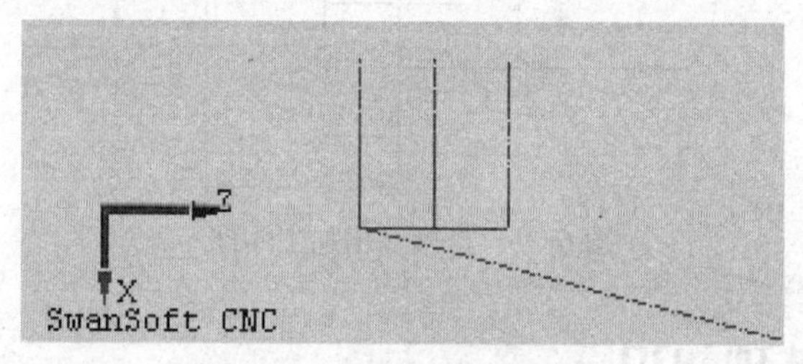

图 6-36　外圆切槽加工路线

6.6.5　数控加工工序卡

数控加工工序卡见表 6-11。

表 6-11　数控加工工序卡

×××机械厂	数控加工工序卡		产品名称	零件名称		零件图号	
			×××	轴类零件		××××	
工艺序号	程序编号	夹具名称	夹具编号	使用设备		车间	
×××	P ××××	自定心卡盘	×××	数控车床		××××	
工步号	工步名称	工步内容	刀位号	刀具规格	主轴转速 /（r/min）	进给速度 /（mm/min）	切削厚度 /mm
1	外圆粗加工	车削ϕ30mm	T1	外圆车刀	600	100	0.5
2	外圆精加工	车削ϕ30mm	T1	外圆车刀	1200	60	0.1
3	切槽加工	10mm×3mm	T2	切槽刀	600	50	3
编制		审核		批准		第　页	共　页

6.6.6　数控刀具明细表

数控刀具明细表见表 6-12。

表 6-12　数控刀具明细表

数控刀具明细表	零件名称	零件图号	材料		程序编号		车间	使用设备
	阶梯轴	×××	45 钢		P ××××		×××	数控车床
刀具号	刀位号	刀具名称	刀具型号	半径补偿号	刀具长度	长度补偿号	换刀方式	加工部位
1	T1	外圆车刀	75°，左偏		160mm		自动	外圆
2	T2	切槽刀	宽 4mm				自动	凹槽
编制		审核		批准			共　页	第　页

6.6.7　零件程序

外圆加工时的零件程序如下：

```
%
O0001;                              程序号
N010 M03 S800;                      主轴正转，转速为800r/min
N020 T0101;                         刀具号
N030 G00 X40 Z5;                    G00 快速定位加工起始点（60，5）
N040 G71 U1 W0.5;                   端面复合循环指令 G72，Z 方向进刀量 1mm，退刀
                                    量 0.5mm
N050 G71P60 Q110 U0.2 W0.1 F100;    X 精加工余量 0.2mm，Z 方向余量 0.1mm
N060 G01 X0;                        右端外圆轮廓加工程序
N070 Z0;
N080 X29;
N090 X30 Z-1;
N100 Z-25;
N110 X40;
N120 Z5;
N130 M03 S1200;                     主轴正转，转速为 1200r/min
N140 G70 P60 Q120 F60;              G70 右端外圆精加工循环
N150 G00 X100;                      快速移动至 X100
N160 G00 Z100;                      快速移动至 Z100
N170 M30;                           程序结束
%
```

外圆切槽时的零件程序如下：

```
%
O0002;
N010 M03 S600;                        主轴正转，转速为 600r/min
N020 T0202;                           刀具号
N030 G00 X37 Z-23;                    G00 快速定位至加工循环起始点
N040 G75 R0.1;                        G75 外圆切槽循环
N050 G75 X24 Z-17 P2000 Q3000 R0 F50;
N060 G00 100;                         快速移动至 X100
N070 Z100;                            快速移动至 Z100
N080 M30;                             程序结束
%
%
```

6.6.8 仿真加工

外圆车削时的仿真如图 6-37 所示。外圆切槽时的模拟仿真如图 6-38 所示。

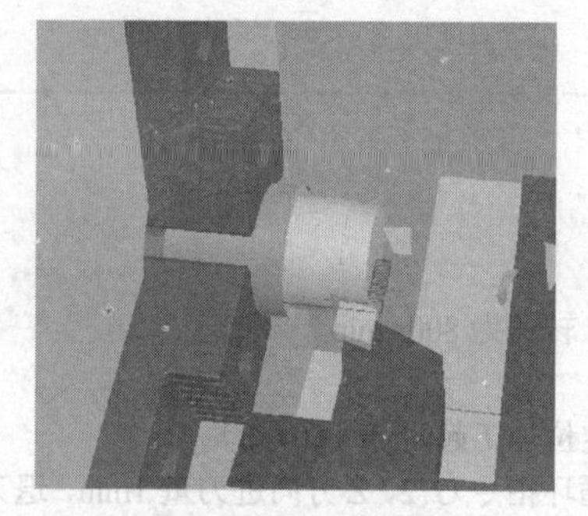

图 6-37　外圆切槽时的仿真

图 6-38　外圆切槽时的模拟仿真

6.6.9 检测与分析

加工左端时，由测量可知，圆柱螺纹加工尺寸如图 6-39 所示，表面粗糙度 *Ra* 为 5.22μm。

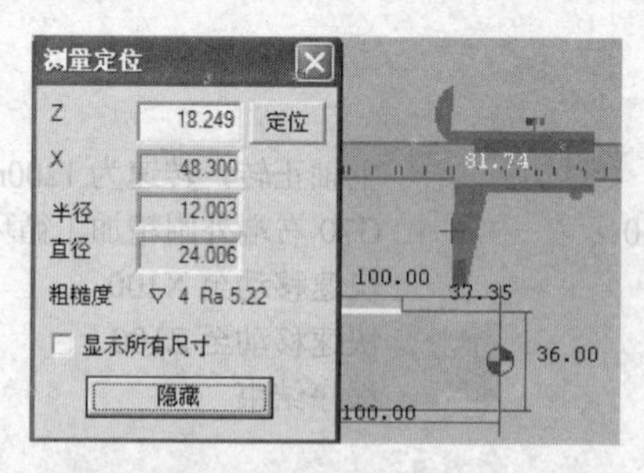

图 6-39　外圆切槽零件尺寸测量

6.7 零件螺纹切削循环数控车床仿真加工

6.7.1 零件图样及信息分析

该零件为圆柱螺纹加工，选择毛坯材料为 08F 低碳钢，直径为 52mm、长度为 60mm。如图 6-40 所示，所需加工零件为螺纹直径 30mm，螺距为 2mm。

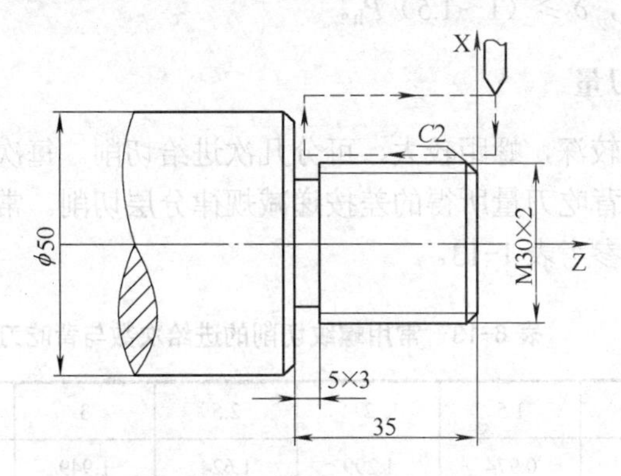

图 6-40　圆柱螺纹加工零件

6.7.2 相关基础知识

在数控车床上可以车削米制、寸制、模数和径节制四种标准螺纹，无论车削哪一种螺纹，车床主轴与刀具之间必须保持严格的运动关系：即主轴每转一转（即工件转一转），刀具应均匀地移动一个导程的距离。

1. 螺纹车削前直径尺寸的确定

车削塑性材质外螺纹时，由于受车刀挤压会使螺纹大径尺寸涨大，所以车螺纹前，大径一般应车得比基本尺寸小些，保证车好后的螺纹牙顶有 $0.125P_h$（P_h 为导程）的宽度。车削内螺纹时，内孔直径会缩小，所以车削内螺纹前的孔径要比内螺纹的小径略大些。可按下列近似公式计算：外螺纹大径=螺纹公称直径−（0.1～0.13）P_h；内螺纹小径=螺纹公称直径−P_h。

2. 螺纹的总切深

螺纹的总切深与螺纹牙型高度及螺纹中径的公差带有关。螺纹牙型高度是指在螺纹牙型上，牙顶到牙底之间垂直于螺纹轴线的距离，是车削时车刀的总切入深度。对于三角形普通螺纹，牙型高度按下式计算：

$$h = 0.6495P_h$$

式中，P_h为螺距（mm）。

3．螺纹起点与终点轴向尺寸

由于车螺纹有一个加速过程，结束前有一个减速过程。在这段距离不可能保持均匀，所以在车削螺纹时，两端必须设置足够的升速进刀段 δ_1 和减速退刀段 δ_2。一般选取：$\delta_1 \geqslant 2P_h$，$\delta_2 \geqslant$（1～1.5）P_h。

4．分层背吃刀量

如果螺纹牙型较深，螺距较大，可分几次进给切削。每次进给的背吃刀量用螺纹深度减精加工背吃刀量所得的差按递减规律分层切削。常用螺纹切削的进给次数与背吃刀量可参考表 1-13。

表 6-13　常用螺纹切削的进给次数与背吃刀量　（单位：mm）

螺距		1.0	1.5	2	2.5	3	3.5	4
牙深		0.649	0.974	1.299	1.624	1.949	2.273	2.598
背吃刀量	1	0.7	0.8	0.9	1.0	1.2	1.5	1.5
	2	0.4	0.6	0.6	0.7	0.7	0.7	0.8
	3	0.2	0.4	0.6	0.6	0.6	0.6	0.6
	4		0.16	0.4	0.4	0.4	0.6	0.6
	5			0.1	0.4	0.4	0.4	0.4
	6				0.15	0.4	0.4	0.4
	7					0.2	0.2	0.4
	8						0.15	0.3
	9							0.2

5．普通螺纹刀具的装刀与对刀

车刀安装得过高，则吃刀到一定深度时，车刀的后面顶住工件，会增大摩擦力，甚至把工件顶弯，造成啃刀现象；车刀安装得过低，则切屑不易排出，车刀径向力的方向是工件中心，加上横进丝杠与螺母间隙过大，致使吃刀量不断自动趋向加深，从而把工件抬起，出现啃刀。此时，应及时调整车刀高度，使其刀尖与工件的轴线等高（可利用尾座顶尖对刀）。在粗车和半精车时，刀尖位置比工件的中心高出 1%D 左右（D 表示被加工工件直径）。工件装夹不牢，工件本身的刚性不能承受车削时的切削力，因而产生过大的挠度，改变了车刀与工件的中心高度（工件被抬高了），形成切削深度突增，出现啃刀，此时应把工件装夹牢固，可使用尾座顶尖等，以增加工件刚性。普通螺纹的对刀方法有试切法对刀和对刀仪自动对刀，可以直接用刀具试切对刀，也可以用 G50 设置工件零点。螺纹加工对刀要求不是很高，特别是 Z 向对刀没有严格的限制，可以根据编程加工要求而定。

6. 普通螺纹的编程加工

在目前的数控车床中，螺纹切削一般有三种加工方法：G32 直进式切削方法、G92 直进式切削方法和 G76 斜进式切削方法。直进式一般应用于导程小于 3mm 的螺纹加工，斜进式一般应用于导程大于 3mm 的螺纹加工。由于切削方法不同，编程方法不同，造成加工误差也不同，我们在操作使用上要仔细分析，争取加工出精度高的零件。

等螺距螺纹车削指令 G32 能使刀具直线移动的同时，使刀具的移动和主轴保持同步，即主轴转一周，刀具移动一个导程；用 G32 加工螺纹时，由于机床伺服系统本身具有滞后性，会在起始段和停止段发生螺纹的螺距不规则现象，故应考虑刀具的引入长度和超越长度，整个被加工螺纹的长度应该是引入长度、超越长度和螺纹长度之和。指令格式：

G32 X__ Z__ F__;

G32 U__ W__ F__;

式中，X、Z 为螺纹终点绝对坐标值；U、W 为螺纹终点相对螺纹起点坐标增量；F 为螺纹导程（螺距）(mm/r)。

由于直进式切削方法两侧刃同时工作，切削力较大，排屑困难，因此在切削时，两切削刃容易磨损。斜进式使刀具单侧刃加工，负载减轻。在运用直进式切削方法切削螺距较大的螺纹时，由于切削深度较大，切削刃磨损较快，从而造成螺纹中径产生误差；但是其加工的牙型精度较高，因此一般多用于小螺距螺纹加工。由于其刀具移动切削均靠编程来完成，所以加工程序较长；由于切削刃容易磨损，因此加工中要做到勤测量。

简单螺纹车削循环指令 G92 与前述的 G90 指令基本相同，只是 F 后面的进给量改为螺纹导程即可。直进式切削方法简化了编程，较 G32 指令提高了效率。

如图 6-40 所示，在加工 M30mm×2mm 螺纹时，采用单一循环加工螺纹指令 G92。指令格式：

G92 X（U）___ Z（W）___ R___ F___;

式中，X、Z 为螺纹终点坐标值；U、W 为螺纹起点坐标到螺纹终点坐标的增量值；R 为锥螺纹大端和小端的半径差；F 为螺距大小。

运用螺纹车削复合循环指令 G76，采用斜进式切削方法，由于为单侧刃加工，切削刃容易损伤和磨损，使加工的螺纹面不直，刀尖角发生变化，造成牙型精度较差。但由于其为单侧刃工作，刀具负载较小，排屑容易，并且切削深度为递减式。因此，此加工方法一般适用于大螺距螺纹加工。由于此加工方法排屑容易，切削刃加工工况较好，在螺纹精度要求不高的情况下，此加工方法更为方便。在加工较高精度螺纹时，可采用两刀加工完成，既先用 G76 加工方法进行粗车，然后用 G32 加工方法精车。但要注意刀具起始点要准确，不然容易乱扣，造成零件报废。

指令格式：

G76 X__ Z　I__ K__ D__ F__ A__ P__;

式中，X 为终点处的 X 坐标值；Z 为终点处的 Z 坐标值；I 为螺纹加工起点和终点的差值；K 为螺纹牙型高度，按半径值编程；D 为第一次循环时的切削深度；F 为螺纹导程；A 为螺纹牙型顶角角度，可在 0°～120°任意选择；P 为指定切削方式，一般省略或写成 P1，表示等切削量单边切削。

螺纹加工完成后可以通过观察螺纹牙型判断螺纹质量，及时采取措施。当螺纹牙顶未尖时，增加刀的切入量反而会使螺纹大径增大，增大量视材料塑性而定；当牙顶已被削尖时，增加刀的切入量则大径成比例地减小。根据这一特点要正确对待螺纹的切入量，防止报废。

普通螺纹的检测都采用螺纹环规或塞规来测量。在测量外螺纹时，如果螺纹“过端”环规正好旋进，而“止端”环规旋不进，则说明所加工的螺纹符合要求，反之就不合格。测量内螺纹时，采用螺纹塞规以相同的方法进行测量。除螺纹环规或塞规测量外，还可以利用其他量具进行测量，用螺纹千分尺测量螺纹中径，用齿厚游标卡尺测量梯形螺纹中径牙厚和蜗杆节径齿厚，采用量针根据三针测量法测量螺纹中径等。

6.7.3　加工方法

在加工螺纹时，首先利用内/外径粗车复合循环指令 G71 加工毛坯至尺寸 ϕ30mm，再利用切槽刀切退刀槽 5mm×3mm，最后用单一循环加工螺纹指令 G92 车削螺纹。

具体加工工艺分析：

1）利用自定心卡盘装夹工件左端，工件伸出长度为 40mm 左右，通过试切法对刀，以工件右端回转中心为零点，建立工件坐标系。

2）粗加工右端外圆轮廓，通过 G71 指令编制程序，车削工件右端 ϕ30mm、长度 35mm，X 方向留 0.2mm 的精加工余量，Z 方向留 0.1mm 的精加工余量，精加工右端尺寸。

3）切槽刀加工退刀槽 5mm×3mm。

4）车外螺纹 M30mm×2mm。

5）检测加工尺寸。

6.7.4　加工路线

工件外轮廓加工路线，如图 6-41 所示。

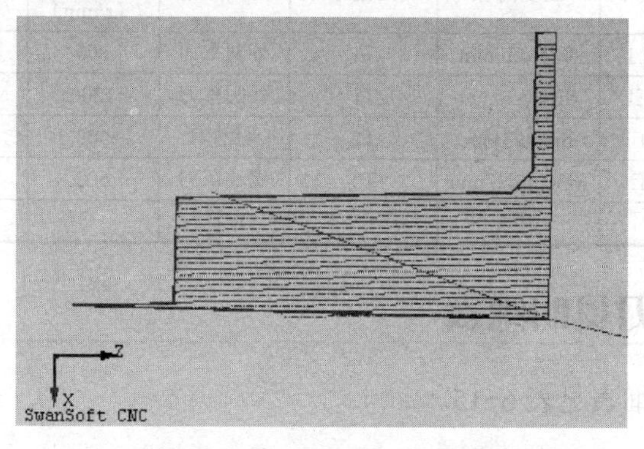

图 6-41　工件外轮廓加工路线

螺纹退刀槽加工路线，如图 6-42 所示。

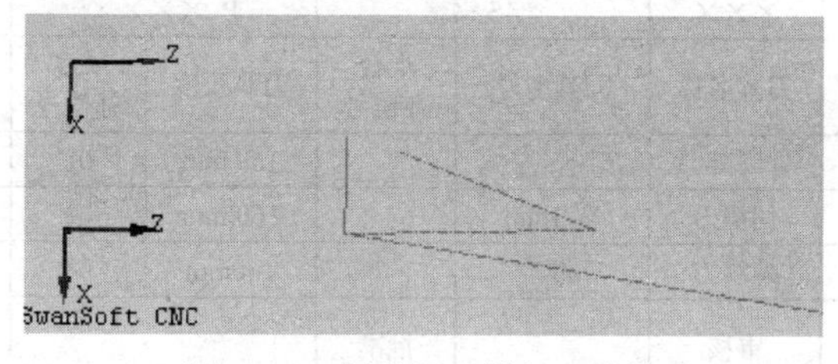

图 6-42　螺纹退刀槽加工路线

圆柱螺纹加工路线，如图 6-43 所示。

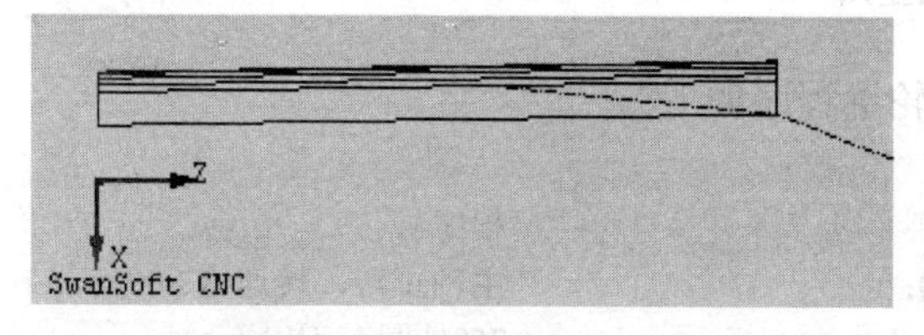

图 6-43　圆柱螺纹加工路线

6.7.5　数控加工工序卡

数控加工工序卡见表 6-14。

表 6-14　数控加工工序卡

××× 机械厂	数控加工工序卡		产品名称	零件名称		零件图号	
			×××	轴类零件		××××	
工艺序号	程序编号	夹具名称	夹具编号	使用设备		车间	
×××	P ××××	自定心卡盘	×××	数控车床		××××	
工步号	工步名称	工步内容	刀位号	刀具规格	主轴转速 /（r/min）	进给速度 /（mm/min）	切削厚度 /mm
1	外圆粗加工	车削ϕ30mm	T1	外圆车刀	800	100	0.5
2	外圆精加工	车削ϕ30mm	T1	外圆车刀	1200	60	0.1
3	切槽加工	5mm×3mm	T2	切槽刀	600	60	3
4	螺纹加工	M30mm×2mm	T3	螺纹车刀	600		
编制		审核		批准		第　页	共　页

6.7.6　数控刀具明细表

数控刀具明细表见表 6-15。

表 6-15　数控刀具明细表

数控刀具 明细表	零件名称	零件图号	材料		程序编号		车间	使用设备
	轴	×××	45 钢		P ××××		×××	数控车床
刀具号	刀位号	刀具名称	刀具型号	半径 补偿号	刀具长度	长度 补偿号	换刀方式	加工部位
1	T1	外圆车刀	75°，左偏		160 mm	01	自动	外圆
2	T2	切槽刀	宽 3mm		160 mm	02	自动	槽
3	T3	螺纹刀	60°		160mm	03	自动	螺纹
编制		审核		批准			共　页	第　页

6.7.7　零件程序

加工零件外轮廓程序如下：

```
%
O0007;                                  程序号
N010 M3 S800;                           主轴正转，转速为 800r/min
N020 T0101;                             75°外圆车刀
N030 G00 X54 Z2;                        G00 快速定位至加工循环起始点
N040 G71 U1 R0.5;                       G71 粗车加工复合循环
N050 G71 P60 Q130 U0.2 W0.1 F100;
N060 G01 X0;                            右端外圆轮廓加工
N070 Z0;
N080 X26;
```

```
N090 X30 Z-2;
N100 Z-35;
N110 X50;
N120Z-45;
N130 X54 Z2;
N140 M3 S1200;                 主轴正转，转速为 1200r/min
N150 G70 P60 Q130 F60;         G70 精加工循环
N160 G00 X100 Z100;            G00 快速退刀
N170 M30;                      程序结束
%
```

加工圆柱螺纹退刀槽程序如下：

```
%
O0008;                         程序号
N010 M03 S600;                 主轴正转，转速为 600r/min
N020 T0202;                    5mm 切槽刀
N030 G00 X54 Z5;
N040 Z-35;
N050 G01 X24 F60;
N060 X54;
N070 G00 X100 Z100;            G00 快速退刀
N080 M30;                      程序结束
%
```

加工圆柱螺纹程序如下：

```
%
O0009;
N010 M03 S600;                 主轴正转，转速为 600r/min
N020 T0303;                    螺纹车刀
N030 G00 X32 Z2;               G00 快速定位至加工循环起始点
N040 G92 X29.1 Z-31 F2;        G92 螺纹车削固定循环
N050 X28.5;
N060 X27.9;
N070 X27.5;
N080 X27.4;
N090 G00X100 Z100;             G00 快速退刀
N100 M30;                      程序结束
%
```

6.7.8 仿真加工

工件外轮廓模拟仿真加工如图 6-44 所示。圆柱螺纹退刀槽模拟仿真加工如图 6-45 所示。

图 6-44　工件外轮廓模拟仿真加工

图 6-45　圆柱螺纹退刀槽模拟仿真加工

圆柱螺纹模拟仿真加工如图 6-46 所示。

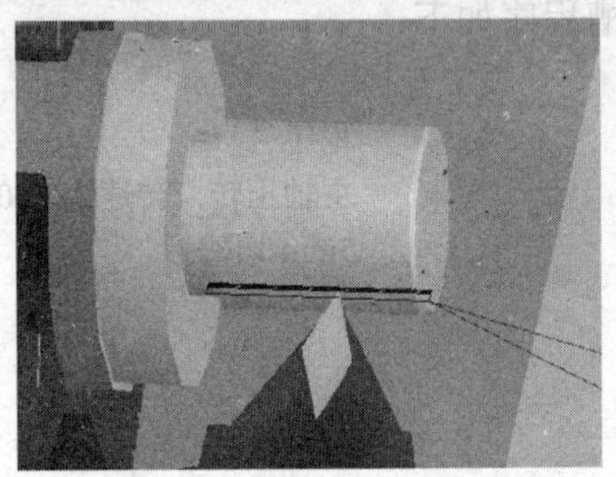

图 6-46　圆柱螺纹模拟仿真加工

6.7.9　检测与分析

由测量可知，圆柱螺纹加工尺寸如图 6-47 所示，表面粗糙度 *Ra* 为 7.09μm。

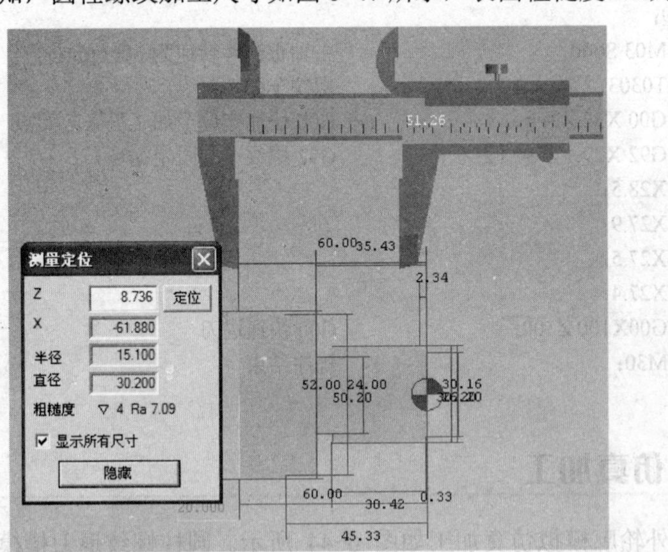

图 6-47　圆柱螺纹零件尺寸测量

6.8 应用宏程序的零件数控车床综合仿真加工

6.8.1 零件图样及信息分析

该零件应用宏程序加工，选择毛坯材料为 08F 低碳钢，直径为 32mm、长度为 50mm，如图 6-48 所示，零件右端为半椭圆，长半轴 *a*=15mm、短半轴 *b*=10mm。

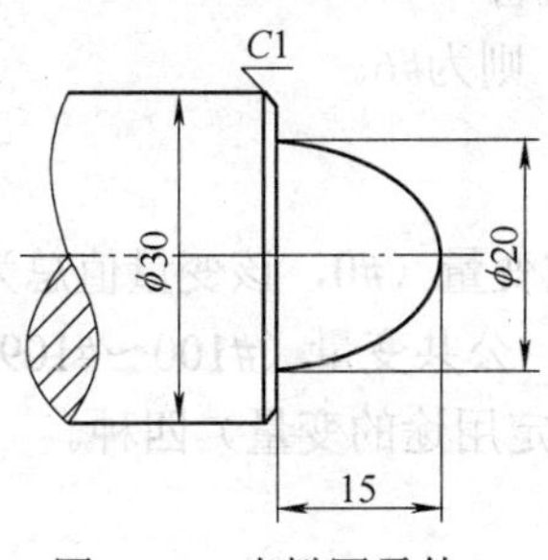

图 6-48　半椭圆零件

6.8.2 相关基础知识

在一般的程序编制中，程序字为一个常量，一个程序只能描述一个几何形状，缺乏灵活性和适用性。有些情况下机床需要按一定规律动作，用户根据工作情况确定参数，一般程序不能达到要求，所以数控机床提供了另一种编程方式，即宏程序。含有变量的子程序叫作用户宏程序，在程序中调用宏程序的那条指令叫作用户宏指令。可以通过一些循环指令对用户宏程序进行调用。用一个可赋值的代号代替具体的坐标，这个代号称为变量。

在数控车床编程中，宏程序灵活、高效、快捷，不仅可以实现对编制相同加工操作的程序非常有用，而且还可以完成子程序无法实现的特殊功能，比如系列零件加工宏程序、椭圆加工宏程序、抛物线加工宏程序等。

1. 变量的表示

在宏程序编程加工中，一个变量由变量符号和后面的变量号组成，也可用表达式来表示指定变量号。FANUC 系统变量符号使用“#”表示，格式为#I（I=1，2，3…）或#[〈式子〉]，例如#1、#2、#[#1+#2]等。

2. 变量的使用

（1）地址字后面指定变量符号或公式

格式：〈地址字〉#I

　　　〈地址字〉#-I

〈地址字〉[〈式子〉]

例如：F #1，设#1=60，则 F #1 为 F15；

X-#2，设#2=80，则 X-#2 为 X-80；

Z[#3+#4]，设#3=10，#4=20，则 Z[#3+#4]为 Z30；

（2）变量不能使用地址 O、N、I

例如：O#1；I#2；N#3；是不允许使用的。

（3）变量号可用变量代替

例如：#[#3]，设#3=6，则为#6。

3．变量的种类

根据变量号可以分为空变量（#0，该变量值总为空）、局部变量（#1～#33，只能在一个宏程序中使用）、公共变量（#100～#109，在各个程序中可以共用）、系统变量（#1000 以上，固定用途的变量）四种。

4．变量的运算

在宏程序中，变量的运算分为加减型运算和乘除型运算。运算式的右边可以是常数、变量、函数和式子，左边为变量、式子。

（1）定义

#i= #j

（2）算术运算

#i= #j+#k

#i = #j - #k

#i = #j * #k

#i = #j / #k

（3）函数运算

#i = SIN [#k]

#i = ASIN [#k]

#i = COS [#k]

#i = ACOS [#k]

#i = TAN [#k]

#i = ATAN [#j]/ [#k]

#i = ABS [#j]

#i = ROUND [#j]

#i = FUP [#j]

#i = FIX [#j]

#i = LN [#j]

#i = EXP [#j]

（4）逻辑运算

#i = #j OR #k

#i = #j XOR #k

#i = #j AND #k

5. 运算符的优先级

按照优先的先后顺序依次是函数，乘和除运算（*、/、AND、MOD），加和减运算（+、–、OR、XOR）

6. 括号嵌套

括号用于改变运算优先级，括号最多可以嵌套使用 5 级，包括函数内部使用的括号。

7. 变量的赋值

变量的赋值有直接赋值（#1=16，将数值 16 赋值与#1 变量）和间接赋值（#1=10；#2=30；#3=SQRT[#1+#2]）。

8. 变量的转移与循环指令

功能语句有：

（1）无条件转移（GOTO）语句——转移到有顺序号 n 的程序段

格式：GOTOn；n 指行号

例如：GOTO2；转移至第二行

GOTO#20；转移至变量#20 所决定的行

（2）条件转移（IF）语句

格式：IF[表达式]GOTOn

如果指定的条件满足表达式，则转移到标有顺序号 n 的程序段；如果指定的条件不满足表达式，则执行下一个程序段。

IF[表达式]THEN

如果表达式满足，则执行预先决定的宏程序，且只执行一个宏程序语句。

（3）循环功能（WHILE）语句

WHILE[表达式] Do m；

……

END m

在 WHILE 后指定一个条件表达式，当指定条件满足时，执行 DO 到 END 之间的程序，否则转到 END 后的程序段。

（4）运算符　宏程序运算符号有等于 EQ、不等于 NE、大于 GT、大于或等于 GE、小于 LT、小于或等于 LE。

由图 6-48 可知，椭圆长半轴 a=15mm（Z 轴）、短半轴 b=10mm（X 轴），其椭圆的标准方程为 $\frac{X^2}{10^2}+\frac{Z^2}{15^2}=1$，即 $X=10\sqrt{1-\frac{Z^2}{15^2}}$，定义#1 变量为 Z 值，#2 变量为 X 值，则间接赋值为

```
N080 #1=15;
N090 #2=20*SQRT[1-[#1*#1]/[15*15]];
N100 G01 X[#2] Z[#1-15];
N110 #1=#1-0.1;
N120 IF [#1GE0] GOTO90;
```

6.8.3　加工方法

在加工时，应用内外径粗车复合循环指令 G71 及精加工循环指令 G70，从右向左直线拟合加工椭圆。

具体加工工艺分析，

1）利用自定心卡盘装夹工件左端，工件伸出长度为 30mm 左右，通过试切法对刀，以工件右端回转中心为零点，建立工件坐标系。

2）粗加工右端外圆轮廓，通过编制程序，采用 G71 指令粗加工椭圆长轴和短轴，X 方向留 0.2mm 的精加工余量，Z 方向留 0.1mm 的精加工余量。

3）用 G70 精加工右端外圆轮廓。

4）检测加工尺寸。

6.8.4　加工路线

半椭圆零件加工路线，如图 6-49 所示。

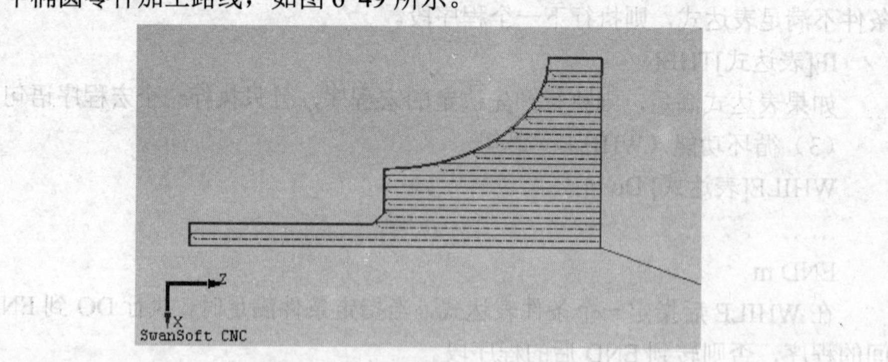

图 6-49　半椭圆零件加工路线

6.8.5　数控加工工序卡

数控加工工序卡见表 6-16。

表 6-16　数控加工工序卡

×××机械厂	数控加工工序卡		产品名称	零件名称		零件图号	
			×××	轴类零件		××××	
工艺序号	程序编号	夹具名称	夹具编号	使用设备		车间	
×××	P ××××	自定心卡盘	×××	数控车床		××××	
工步号	工步内容		刀位号	刀具	主轴转速 /（r/min）	进给速度 /（mm/min）	切削厚度 /mm
1	粗加工	轮廓	T1	外圆车刀	800	100	0.5
2	精加工	轮廓	T1	外圆车刀	1200	60	0.1
编制		审核		批准		第　页	共　页

6.8.6　数控刀具明细表

数控刀具明细表见表 6-17。

表 6-17　数控刀具明细表

数控刀具明细表	零件名称	零件图号	材料		程序编号		车间	使用设备
	轴	×××	45 钢		P ××××		×××	数控车床
刀具号	刀位号	刀具名称	刀具型号	半径补偿号	刀具长度	长度补偿号	换刀方式	加工部位
1	T1	外圆车刀	75°，左偏		160mm	01	自动	轮廓
编制		审核		批准			共　页	第　页

6.8.7　零件程序

半椭圆零件加工程序如下：

%

O8000;

N010 M03 S800;　　主轴正转，转速为 800r/min

```
N020 T0101;
N030 G00 X34 Z5;                            G00 快速定位至加工循环起始点
N040 G71 U1 R0.5;                           G71 内外径粗车复合循环
N050 G71 P60 Q160 U0.2 W0. 1 F100;
N060 G01 X0;
N070 Z0;
N080 #1=15;                                 赋长轴坐标（Z 轴）初值
N090 #2=20*SQRT[1-[#1*#1]/[15*15]];         根据椭圆方程计算 X 坐标绝对值
N100 G01 X[#2] Z[#1-15];                    直线拟合加工椭圆
N110 #1=#1-0.1;                             加工循环步距赋值
N120 IF [#1GE0] GOTO90;
N130 X28;
N140 X30 Z-16;
N150 Z-33;
N160 X34;
N170 M03 S1200;
N180 G70 P60 Q160 F60;                      G70 精加工循环语句
N190 G00 X100 Z100;
N200 M30;
%
```

6.8.8　仿真加工

半椭圆零件仿真加工如图 6-50 所示。

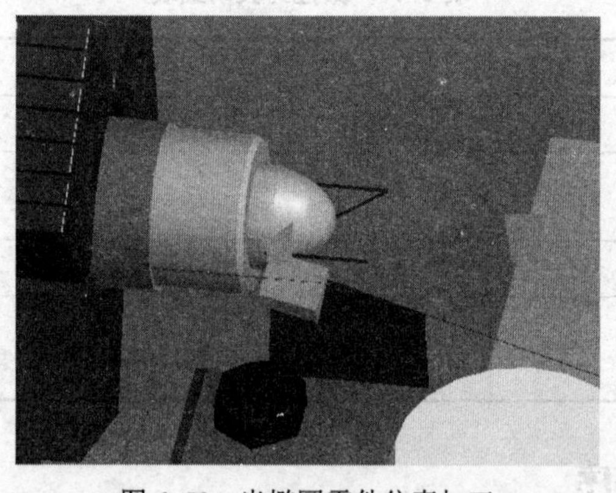

图 6-50　半椭圆零件仿真加工

6.8.9　检测与分析

由测量可知，半椭圆零件尺寸如图 6-51 所示，表面粗糙度 *Ra* 为 7.92μm。

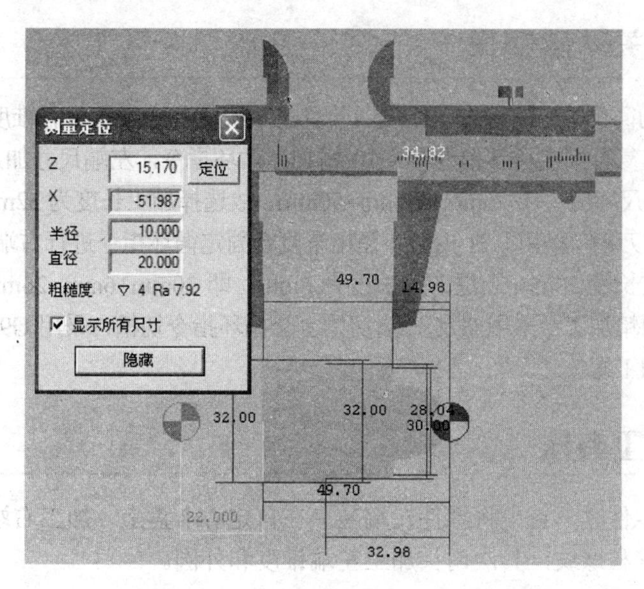

图 6-51　半椭圆零件加工尺寸测量

6.9　零件外径及螺纹数控车床仿真加工

6.9.1　零件图样及信息分析

该零件为外径及螺纹车削加工，选择毛坯材料为 08F 低碳钢，直径为 36mm、长度为 98mm。如图 6-52 所示，零件右端的螺纹为 M16mm×2mm，退刀槽为 6mm×1.5mm，中间直径分别为 22mm、35mm、24mm，左端锥度为 1:10。

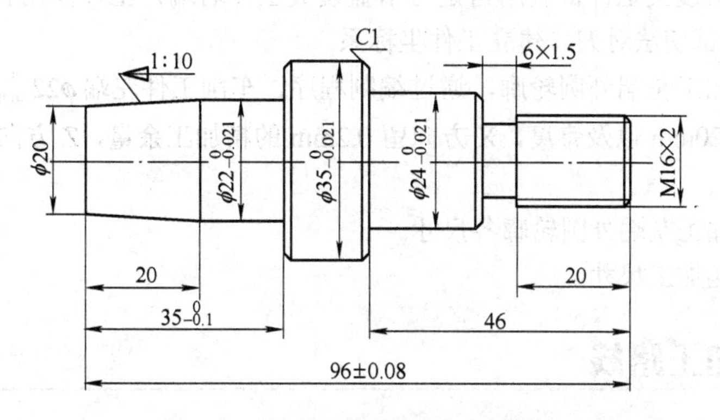

图 6-52　外径及螺纹车削加工零件

6.9.2 相关基础知识

该零件为简单的带有螺纹、锥度、阶梯的轴类零件。左端带有锥度，采用 G71 内、外径粗车复合固定循环指令和 G70 精加工循环指令，左端尺寸加工时，直径为 35mm 的长度尺寸应大于 96mm–46mm=50mm，故选择加工长度为 52mm。零件右端带有螺纹、退刀槽，采用 G71 内、外径粗车复合固定循环指令进行右端外圆粗加工，加工时，螺纹长度 20mm 和退刀槽长度为 6mm，即 20mm+6mm=26mm；采用 G70 进行右端外圆精加工；采用 G75 外圆切槽复合循环指令切槽；采用 G92 简单螺纹车削循环指令加工螺纹。

6.9.3 加工方法

加工该零件时，首先将零件左端装夹在自定心卡盘上，加工右端直径和长度尺寸、退刀槽和螺纹，其次调头加工左端锥度和外圆。

具体加工工艺分析：

1）利用自定心卡盘装夹工件左端，工件伸出长度为 65mm 左右，通过试切法对刀，以工件右端回转中心为零点，建立工件坐标系。

2）粗加工右端外圆轮廓，通过编制程序，车削工件左端 ϕ16mm、$\phi 24_{-0.021}^{\ 0}$ mm、$\phi 35_{-0.021}^{\ 0}$ mm 以及长度 52mm，X 方向留 0.2mm 的精加工余量，Z 方向留 0.1mm 的精加工余量。

3）精加工右端外圆轮廓各尺寸。

4）采用切断刀切制退刀槽 6mm×1. 5mm。

5）采用 60° 外螺纹车刀加工螺纹 M16mm×2mm。

6）调头装夹工件，利用自定心卡盘装夹工件右端，工件伸出长度为 55mm 左右，通过试切法对刀，建立工件坐标系。

7）粗加工左端外圆轮廓，通过编制程序，车削工件左端 $\phi 22_{-0.021}^{\ 0}$ mm，长度 $35_{-0.1}^{\ 0}$ mm、20mm 以及锥度，X 方向留 0.2mm 的精加工余量，Z 方向留 0.1mm 的精加工余量。

8）精加工左端外圆轮廓各尺寸。

9）检测加工尺寸。

6.9.4 加工路线

在加工零件右端外圆及倒角时，加工路线如图 6-53 所示。

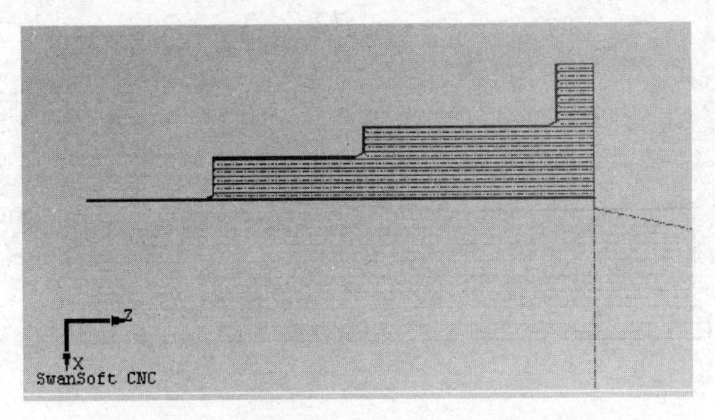

图 6-53　加工零件右端外圆及倒角时的加工路线

在加工零件右端退刀槽时，加工路线如图 6-54 所示。

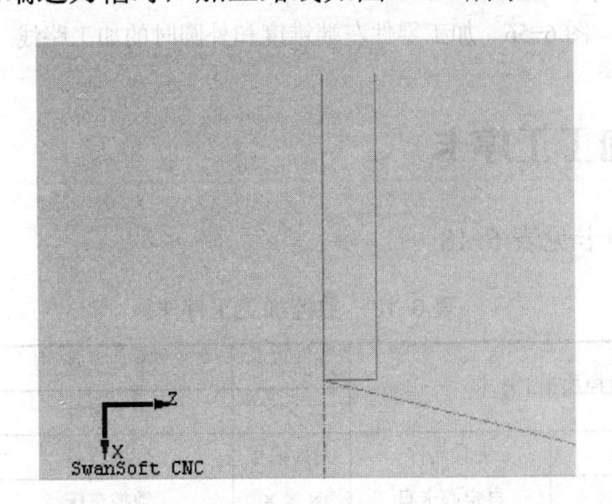

图 6-54　加工零件右端退刀槽时的加工路线

在加工零件右端螺纹时，加工路线如图 6-55 所示。

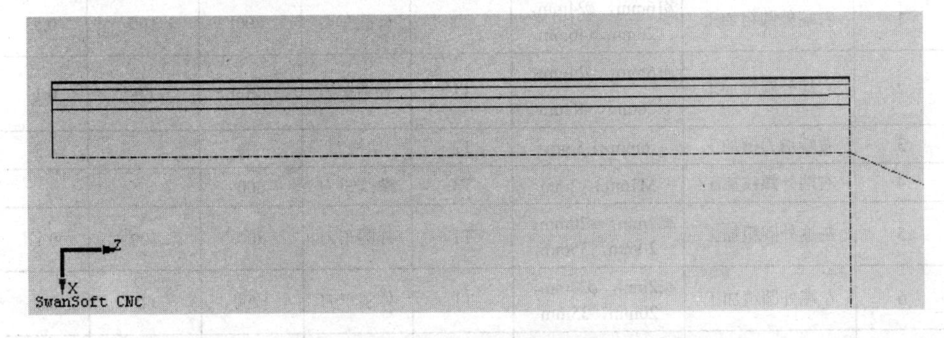

图 6-55　加工零件右端螺纹时的加工路线

在加工零件左端锥度和外圆时，加工路线如图 6-56 所示。

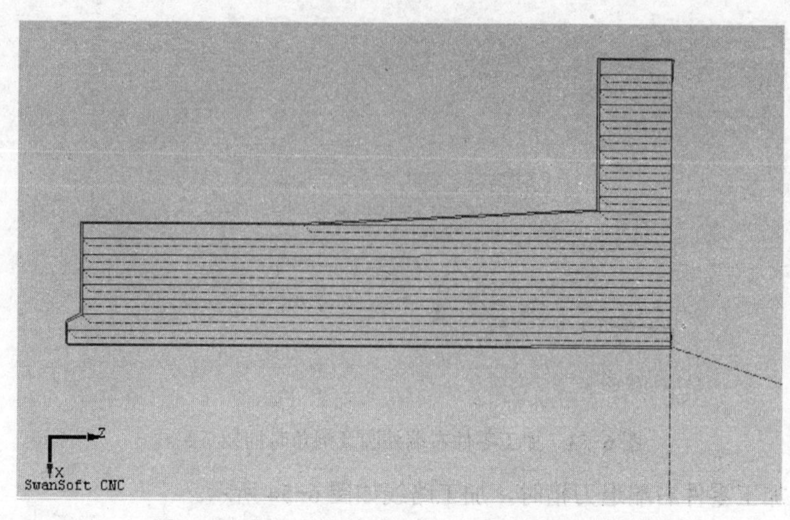

图 6-56 加工零件左端锥度和外圆时的加工路线

6.9.5 数控加工工序卡

数控加工工序卡见表 6-18。

表 6-18 数控加工工序卡

××× 机械厂	数控加工工序卡		产品名称	零件名称		零件图号	
			×××	轴类零件		××××	
工艺序号	程序编号	夹具名称	夹具编号	使用设备		车间	
×××	P ××××	自定心卡盘	×××	数控车床		××××	
工步号	工步名称	工步内容	刀位号	刀具	主轴转速/（r/min）	进给速度/（mm/min）	切削厚度/mm
1	右端外圆粗加工	ϕ16mm，ϕ24mm，26mm，46mm	T1	外圆车刀	800	100	0.5
2	右端外圆精加工	ϕ16mm，ϕ24mm，26mm，46mm	T1	外圆车刀	1200	60	0.1
3	右端退刀槽加工	6mm×1.5mm	T2	切槽刀	600		1.5
4	右端外螺纹加工	M16mm×2mm	T3	螺纹车刀	600		
5	左端外圆粗加工	ϕ22mm，ϕ20mm，20mm，35mm	T1	外圆车刀	800	100	0.1
6	左端外圆精加工	ϕ22mm，ϕ20mm，20mm，35mm	T1	外圆车刀	1200	60	0.5
编制		审核		批准		第 页	共 页

6.9.6　数控刀具明细表

数控刀具明细表见表 6-19。

表 6-19　数控刀具明细表

数控刀具明细表	零件名称	零件图号	材料		程序编号		车间	使用设备
	轴	×××	45 钢		P ××××		×××	数控车床
刀具号	刀位号	刀具名称	刀具型号	半径补偿号	刀具长度	长度补偿号	换刀方式	加工部位
1	T1	外圆车刀	75°，左偏		160mm	01	自动	外圆、锥度
2	T2	切槽刀	3mm		100mm	02	自动	退倒槽
3	T3	螺纹车刀	60°		160mm	03	自动	螺纹
编制		审核		批准			共　页	第　页

6.9.7　零件程序

右端外圆加工时，零件程序如下：

```
%
O0001;                              程序号
N010 M03 S800;                      主轴正转，转速为 800r/min
N020 T0101;                         刀具号 1
N030 G00 X38 Z5;                    G00 快速定位加工起始点（38，5）
N040 G71 U1 R0.5;                   G71 粗车加工复合循环，切削厚度 1mm，退刀量 0.5mm
N050 G71 P60 Q180 U0.2 W0.1 F100;   X 方向精加工余量 0.2 mm，Z 方向精加工余量 0.1 mm
N060 G01 X0;                        右端外圆加工
N070 Z0;
N080 X15;
N090 X16 Z-1;
N100 Z-26;
N110 X23;
N120 X24 Z-27;
N130 Z-46;
N140 X34;
N150 X35 Z-47;
N160 Z-63;
N170 Y38;
N180 Z5;
N190 M03 S1200;                     主轴正转，转速为 1200r/min
```

```
N200 G70 P60 Q110 F80;                G70 左端外圆精加工循环
N210 G00 X100;                        快速移动至 X100
N220 Z100;                            快速移动至 Z100
N230 M30;                             程序结束
%
```

右端退刀槽加工时，零件程序如下：

```
%
O0002;                                程序号
N010 M03 S600;                        主轴正转，转速为 600r/min
N020 T0202;                           刀具号 2
N030 G00 X37 Z-26;                    G00 快速定位加工起始点（16，5）
N040 G75 R0.1;                        G75 循环指令加工退刀槽
N050 G75 X14.5 Z-24 P2000 Q3000 R0 F50;
N060 G00 X100;                        快速移动至 X100
N070 Z100;                            快速移动至 Z100
N080 M30;                             程序结束
%
```

右端外螺纹加工时，零件程序如下：

```
%
O0003                                 程序号
N010 M03 S600;                        主轴正转，转速为 800r/min
N020 T0303;                           刀具号 1
N030 G00 X18 Z2;                      G00 快速定位加工起始点（50，5）
N040 G92 X15.1 Z-23 F2                G92 循环指令加工螺纹
N050 X14.5
N060 X13.9
N070 X13.5
N080 X13.4
N090 G00 X100;                        快速退刀移动至 X100
N100 Z100;                            快速退刀移动至 Z100
N110 M30;                             程序结束
%
```

右端外圆加工时，零件程序如下：

```
%
O0001;                                程序号
N010 M03 S800;                        主轴正转，转速为 800r/min
N020 T0104;                           刀具号 1
N030 G00 X38 Z5;                      G00 快速定位加工起始点（38，5）
N040 G71 U1 R0.5;                     G71 粗车加工复合循环，切削厚度 1mm，退刀量
                                      0.5mm
N050 G71 P60 Q140 U0.2 W0.1 F100;     X 方向精加工余量 0.2 mm，Z 方向精加工余量 0.1
                                      mm
N060 G01 X0;
```

```
N070 Z0;
N080 X20;
N090 X22 Z-20;
N100 Z-35;
N110 X34;
N120 X35 Z-36;
N130 X38;
N140 Z5;
N150 M03 S1200;              主轴正转，转速为 1200r/min
N160 G70 P60 Q110 F80;       G70 左端外圆精加工循环
N170 G00 X100;               快速移动至 X100
N180 Z100;                   快速移动至 Z100
N190 M30;                    程序结束
%
```

6.9.8　仿真加工

零件右端外圆车削时，仿真如图 6-57 所示。零件右端退刀槽加工时，仿真如图 6-58 所示。

图 6-57　右端外圆仿真加工

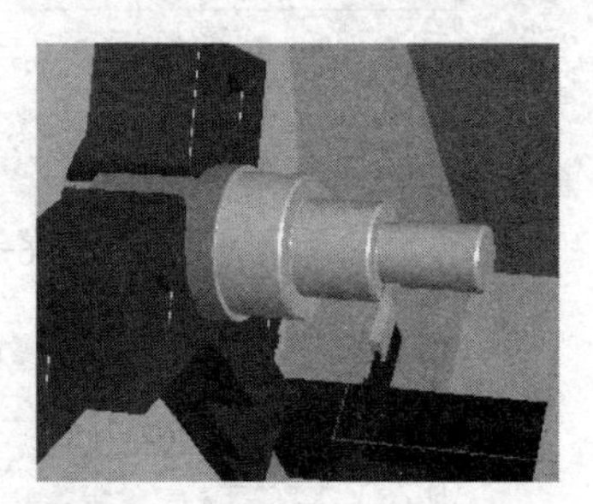

图 6-58　右端退刀槽仿真加工

零件右端螺纹加工时，仿真如图 6-59 所示。零件左端外圆车削加工时，仿真如图 6-60 所示。

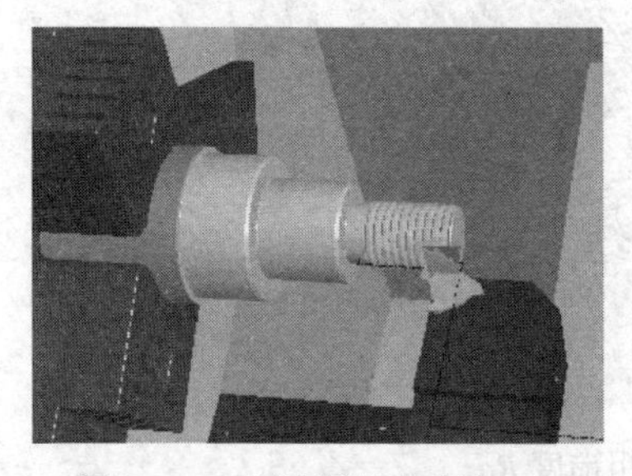

图 6-59　右端螺纹仿真加工

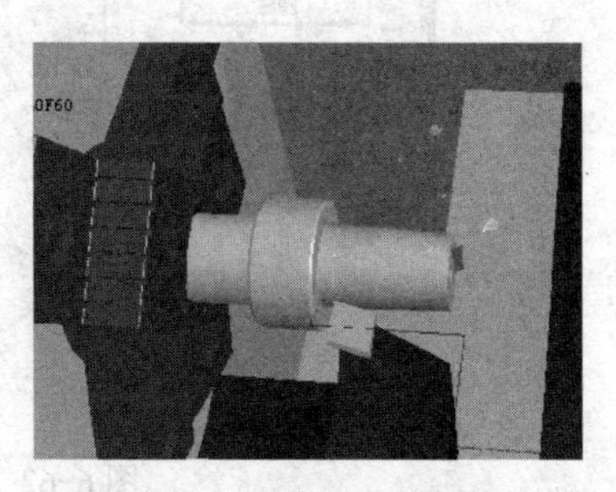

图 6-60　左端外圆仿真加工

6.9.9 检测与分析

零件各尺寸检测如图 6-61 所示。由测量可知，零件表面粗糙度 *Ra* 为 5.00μm，如图 6-62 所示。

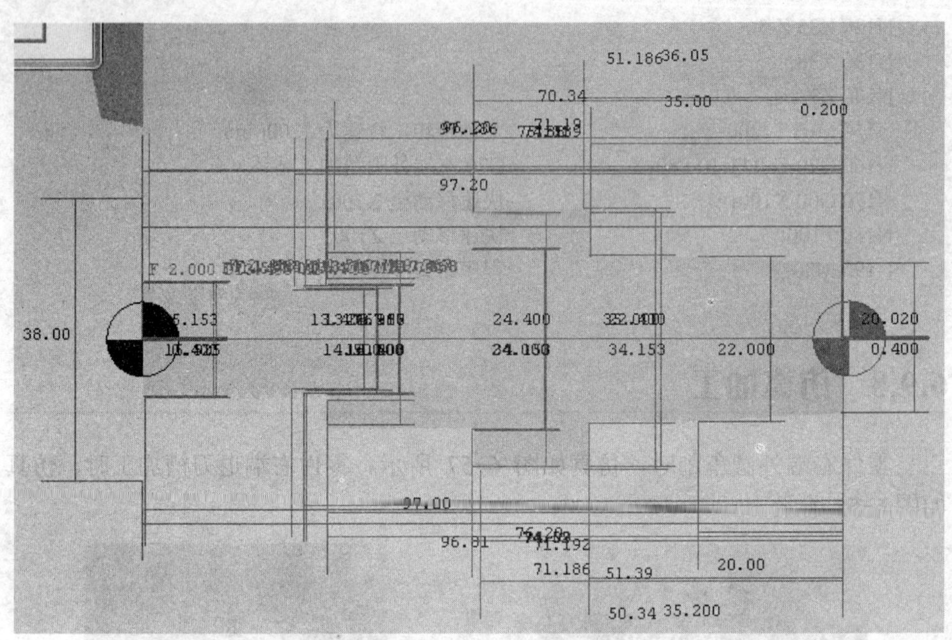

图 6-61 零件尺寸测量

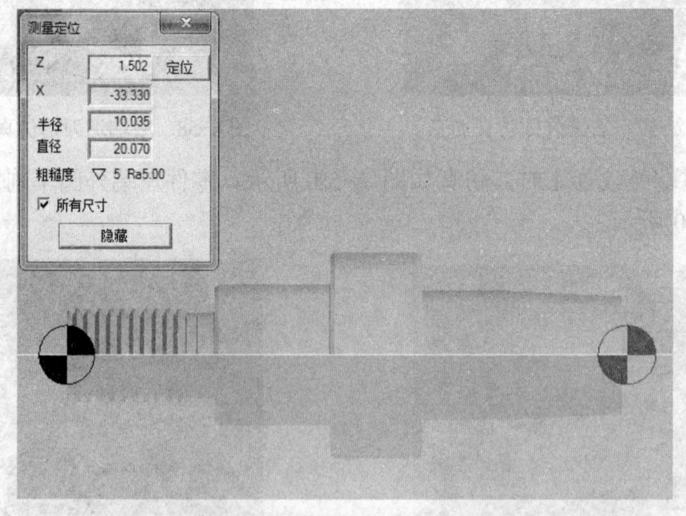

图 6-62 零件表面粗糙度 *Ra*

6.10 零件固定形状复合循环数控车床仿真加工

6.10.1 零件图样及信息分析

该零件采用固定形状复合循环加工，选择毛坯材料为 08F 低碳钢，直径为 48mm、长度为 100mm。如图 6-63 所示，零件所要加工部分为右端 R12mm、ϕ40mm、ϕ30mm。

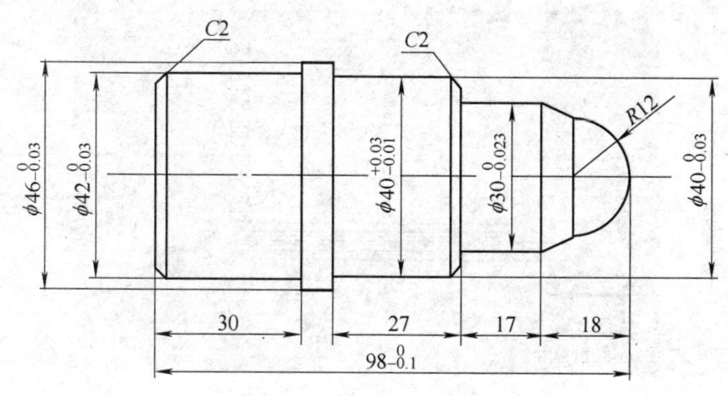

图 6-63　轴类加工零件

6.10.2 相关基础知识

此零件为简单的轴类零件，应用内、外径粗车复合固定循环指令 G71 和精加工循环指令 G70 进行加工。

6.10.3 加工方法

此零件加工时，先用卡盘夹紧右端，加工左端尺寸ϕ42mm，再用卡盘夹紧左端ϕ42mm 处，加工右端部分尺寸。

具体加工工艺分析：

1）加工左端，毛坯伸出自定心卡盘面约 40mm 左右，校正，夹紧，用外圆端面车刀加工端面，并用试切法对刀。

2）粗加工左端外圆轮廓，用 G71 指令粗加工ϕ42mm 外圆，X 方向留 0.2mm 的精加工余量，Z 方向留 0.1mm 的精加工余量，粗车外圆至零件要求加工尺寸。

3）精加工左端外圆轮廓，用 G70 精车外圆零件至要求加工尺寸。

4）调头装夹工件。

5）粗加工右端外圆轮廓，用 G71 指令粗加工 *R*12mm、ϕ30mm 等外圆，X 方向留 0.2mm 的精加工余量，Z 方向留 0.1mm 的精加工余量。

6）粗加工右端外圆轮廓，用 G70 指令精车外圆零件至要求加工尺寸。

7）检验测量。

6.10.4　加工路线

加工左端时，加工路线如图 6-64 所示。

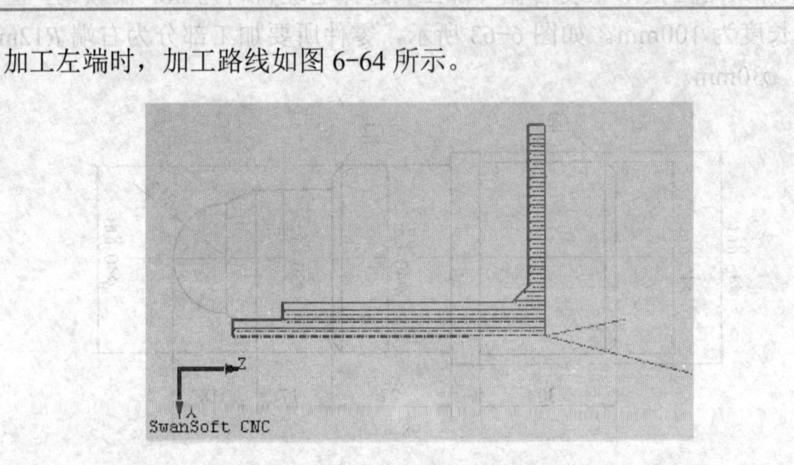

图 6-64　加工左端时的加工路线

加工右端时，加工路线如图 6-65 所示。

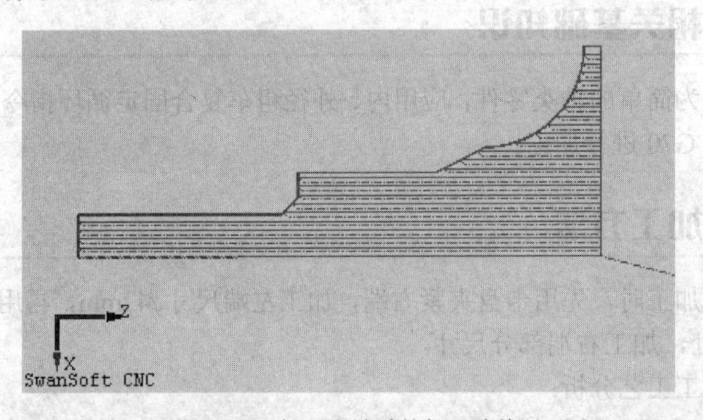

图 6-65　加工右端时的加工路线

6.10.5　数控加工工序卡

数控加工工序卡见表 6-20。

表 6-20　数控加工工序卡

××× 机械厂	数控加工工序卡		产品名称	零件名称		零件图号	
			×××	轴类零件		××××	
工艺序号	程序编号	夹具名称	夹具编号	使用设备		车间	
×××	P ××××	自定心卡盘	×××	数控车床		××××	
工步号	工步名称	工步内容	刀位号	刀具	主轴转速 /（r/min）	进给速度 /（mm/min）	切削厚度 /mm
1	左端外圆粗加工	ϕ42mm，ϕ46mm	T1	外圆车刀	800	100	0.5
2	左端外圆精加工	ϕ42mm，ϕ46mm	T1	外圆车刀	1200	60	0.1
3	右端外圆粗加工	ϕ30mm，ϕ40mm *R*12mm	T1	外圆车刀	800	100	0.5
4	右端外圆精加工	ϕ30mm，ϕ40mm， *R*12mm	T1	外圆车刀	1200	60	0.1
编制		审核		批准		第　页	共　页

6.10.6　数控刀具明细表

数控刀具明细表见表 6-21。

表 6-21　数控刀具明细表

数控刀具 明细表	零件名称	零件图号	材料		程序编号		车间	使用设备
	轴	×××	45 钢		P ××××		×××	数控车床
刀具号	刀位号	刀具名称	刀具型号	半径 补偿号	刀具长度	长度 补偿号	换刀方式	加工部位
1	T1	外圆车刀	75°，左偏		160mm	01	自动	外圆、锥度
编制		审核		批准			共　页	第　页

6.10.7　零件程序

加工左端时，零件程序如下：

```
%
O0010;
N010 M3 S800;                       主轴正转，转速为 800r/min
N010 T0101;                         75° 外圆车刀
N020 G00 X50 Z2;                    G00 快速定位至加工循环起始点
N030 G71 U1 R0.5;                   G71 粗车加工复合循环
N040 G71 P50 Q120 U0.2 W0.1 F100;
N050 G01 X0;
N060 Z0;
N070 X38;
N080 X42 Z-2;
N090 Z-30;
N100 X46;
N110 Z-36;
```

```
N120 X50;
N130 M3 S1200;
N140 G70 P50 Q120 F60;              G70 精加工循环
N150 G00 X100 Z100;                 G00 快速退刀
N160M30;
%
```

加工右端时，零件程序如下：

```
O0140;                              程序号
N010 M03 S800;                      主轴正转，转速为 800r/min
N020 T0101;                         75° 外圆车刀
N020 G00 X50 Z2;                    G00 快速定位至加工循环起始点
N030 G71 U1 R0.5;                   G71 粗车加工复合循环
N040 G71 P50 Q130 U0.2 W0.1 F100;
N050 G01 X0;
N060 Z0;
N070 G03 X24 Z-12 R12;
N080 G01 X30 Z-18;
N090 Z-35;
N100 X36;
N110 X40 Z-37;
N120 Z 62;
N130 X50;
N140 M03 S1200;
N150 G70 P50 Q130 F60;              G70 精加工循环
N160 G00 X100;                      G00 X 方向快速退刀
N170 Z100;                          G00 Z 方向快速退刀
N180 M30;                           程序结束
%
```

6.10.8 仿真加工

加工左端时，模拟仿真加工如图 6-66 所示。加工右端时，模拟仿真加工如图 6-67 所示。

图 6-66 加工左端时模拟仿真加工

图 6-67 加工右端时模拟仿真加工

6.10.9　检测与分析

加工左端时，由测量可知，圆柱螺纹加工尺寸如图 6-68 所示，表面粗糙度 *Ra* 为 6.70μm。

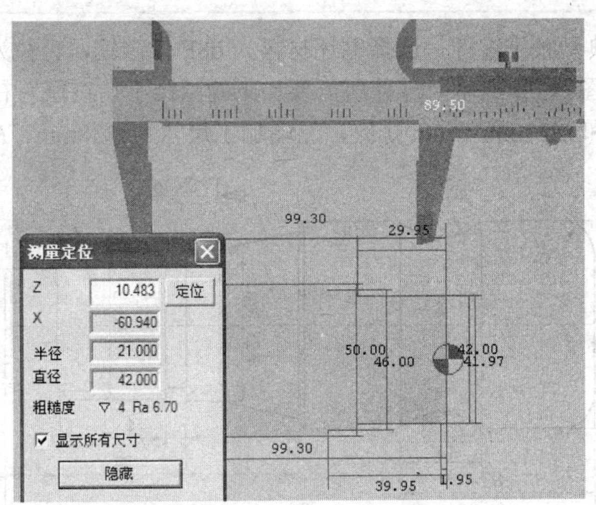

图 6-68　加工左端时零件尺寸测量

加工右端时，由测量可知，圆柱螺纹加工尺寸如图 6-69 所示，表面粗糙度 *Ra* 为 6.70μm。

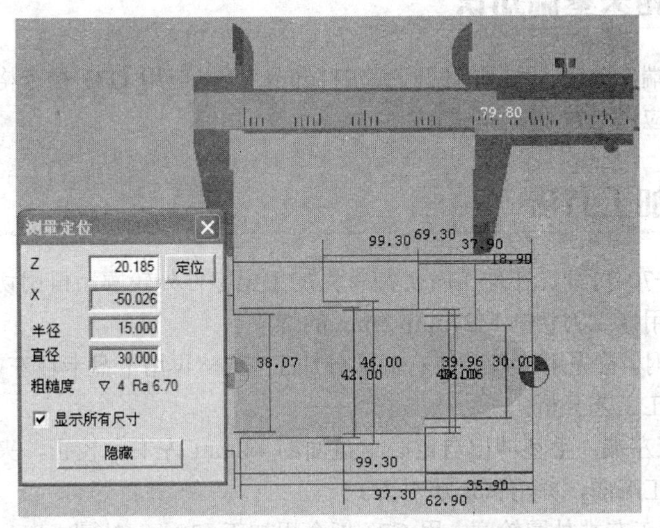

图 6-69　加工右端时零件尺寸测量

6.11 典型轴类零件数控车床综合仿真加工

6.11.1 零件图样及信息分析

该零件为典型轴类零件，选择毛坯材料为 08F 低碳钢，直径为 40mm、长度为 112mm。如图 6-70 所示，零件所需要加工的圆锥小端直径为右端轮廓，退刀槽 4mm×2mm 和 M27mm×2mm 螺纹，左端加工尺寸为 *ϕ*38mm、*R*11mm 等。

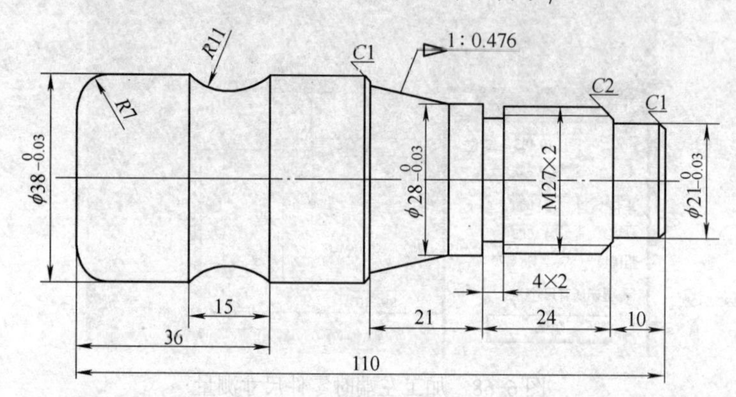

图 6-70　典型轴类零件

6.11.2 相关基础知识

加工左端部分时，由于有凹圆弧 *R*11mm，所以应用 G73 指令格式；加工右端部分时，应用 G71 指令格式。

6.11.3 加工方法

由图 6-70 可知，在加工时，需首先加工出零件外轮廓，再用切槽刀切出退刀槽，最后用螺纹刀切削 M27mm×2mm 的螺纹。

在加工时，首先用卡盘卡住右端部分加工左端，再用卡盘卡住左端加工右端。

具体加工工艺分析：

1）加工左端，毛坯伸出自定心卡盘面约 60mm 左右，校正，夹紧，用外圆端面车刀加工端面，并用试切法对刀。

2）粗加工左端外圆轮廓，用 G73 指令粗加工 *ϕ*38mm 外圆、*R*11mm 凹弧，X 方向留 0.2mm 的精加工余量，Z 方向留 0.1mm 的精加工余量，用 G70 精车外圆至零件要求加工尺寸。

3）调头装夹工件。

4）粗加工右端外圆轮廓，用 G71 指令粗加工ϕ21mm、ϕ27mm、ϕ28mm 等外圆，X 方向留 0.1mm 的精加工余量，Z 方向留 0.1mm 的精加工余量，精车外圆至零件要求加工尺寸。

5）切槽刀加工槽宽 4mm×2mm 至零件尺寸要求。

6）车外螺纹 M27mm×2mm。

7）检验测量。

6.11.4　加工路线

加工左端部分时，加工路线如图 6-71 所示。加工右端部分时，加工路线如图 6-72 所示。

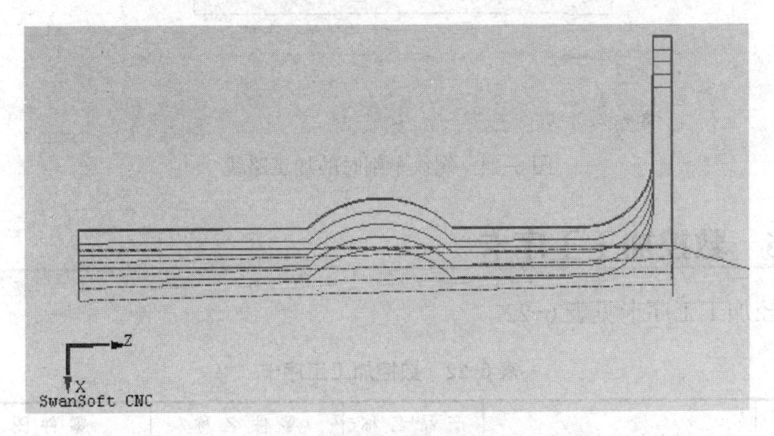

图 6-71　加工左端时的加工路线

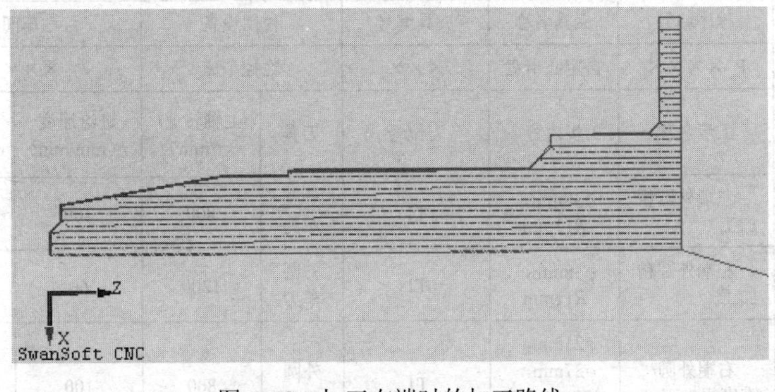

图 6-72　加工右端时的加工路线

切割退刀槽时，加工路线如图 6-73 所示。车削螺纹时，加工路线如图 6-74 所示。

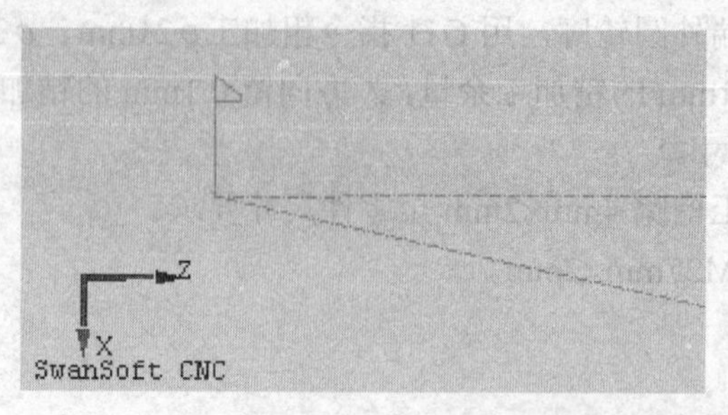

图 6-73 切割退刀槽时的加工路线

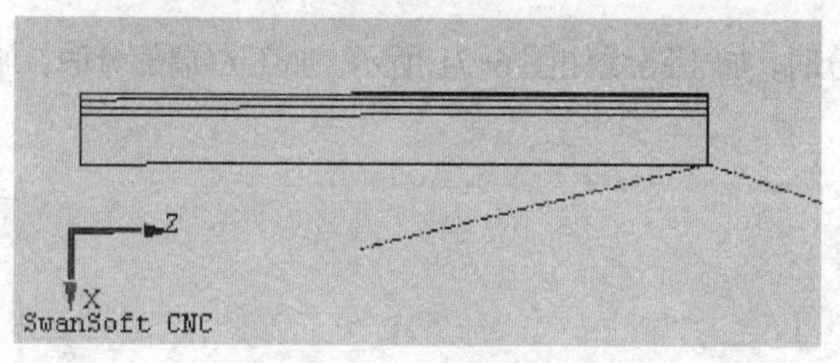

图 6-74 螺纹车削时的加工路线

6.11.5 数控加工工序卡

数控加工工序卡见表 6-22。

表 6-22 数控加工工序卡

×××机械厂	数控加工工序卡		产品名称	零件名称		零件图号	
			×××	轴类零件		××××	
工艺序号	程序编号	夹具名称	夹具编号	使用设备		车间	
×××	P ××××	自定心卡盘	×××	数控车床		××××	
工步号	工步名称	工步内容	刀位号	刀具	主轴转速/(r/min)	进给速度/(mm/min)	切削厚度/mm
1	左端外圆粗加工	ϕ38mm，R11mm	T1	外圆车刀	800	100	0.5
2	左端外圆精加工	ϕ38mm，R11mm	T1	外圆车刀	1200	60	0.1
3	右端外圆/锥度粗加工	ϕ21mm，ϕ27mm，ϕ28mm，锥度 1:0.476	T1	外圆车刀	800	100	0.5

（续）

×××机械厂	数控加工工序卡		产品名称	零件名称		零件图号	
			×××	轴类零件		××××	
工艺序号	程序编号	夹具名称	夹具编号	使用设备		车间	
×××	P ××××	自定心卡盘	×××	数控车床		××××	
工步号	工步名称	工步内容	刀位号	刀具	主轴转速/（r/min）	进给速度/（mm/min）	切削厚度/mm
4	右端外圆/锥度精加工	ϕ21mm，ϕ27mm，ϕ28mm，锥度 1:0.476	T1	外圆车刀	1200	60	0.1
5	右端退刀槽	4mm×2mm	T2	切槽刀	800	60	2
6	右端螺纹	M27mm×2mm	T3	外螺纹车刀	600		
编制		审核		批准		第 页	第 页

6.11.6 数控刀具明细表

数控刀具明细表见表6-23。

表6-23 数控刀具明细表

数控刀具明细表	零件名称	零件图号	材料		程序编号		车间	使用设备
	轴	×××	45钢		P ××××		×××	数控车床
刀具号	刀位号	刀具名称	刀具型号	半径补偿号	刀具长度	长度补偿号	换刀方式	加工部位
1	T1	外圆车刀	75°，左偏		160mm	01/04	自动	外圆、锥度
2	T2	切槽刀	3mm		100mm	02	自动	退倒槽
3	T3	螺纹车刀	60°		160mm	03	自动	螺纹
编制		审核		批准			共 页	第 页

6.11.7 零件程序

在加工左端部分时，零件加工程序如下：

```
%
O6000                        程序号
N010 M3 S800;                主轴正转，转速为 800r/min
N020 T0101;                  75° 外圆车刀
N030 G00 X42 Z2;             G00 快速定位至加工循环起始点
N040 G73 U5 R5;              G73 固定形状粗车循环指令
N050 G73 P60 Q130 U0.2 W0.1 F100;
N060 G01 X0;
N070 Z0;
N080 X24;
N090 G03 X38 Z-7 R7;
N100 G01 Z-21;
N110 G02 X38 Z-36 R11;
N120 G01 Z-60;
N130 X42;
N140 M03 S1200;
N150 G70 P60 Q130 F60;       G70 精加工循环
N160 G00 X100;               G00 X 方向快速退刀
N170 Z100;                   G00 Z 方向快速退刀
N180 M30;                    程序结束
%
```

在加工右端部分时，零件加工程序如下：

```
%
O6100;                       程序号
N010 M3 S800;                主轴正转，转速为 800r/min
N020 T0104;                  75° 外圆车刀
N030 G00 X42 Z2;             G00 快速定位至加工循环起始点
N040 G71 U1 R0.5;            G71 固定形状粗车循环指令
N050 G71 P60 Q190 U0.2 W0.1 F100;
N060 G01 X0;
N070 Z0;
N080 X19;
N090 X21 Z-1;
N100 Z-10;
N110 X23;
N120 X27 Z-12;
N130 Z-34;
N140X28;
N150 Z-40;
N160 X32.98 Z-55;
N170 X36;
```

```
N180 X38 Z-56;
N190 X42;
N200 M03 S1200;
N210 G70 P60 Q190 F60;          G70 精加工循环
N220 G00 X100 Z100;             快速退刀
N230 M30;
%
```

在切割退刀槽时，零件加工程序如下：

```
%
O6200;
N010 M3 S600;                  主轴正转，转速为 600r/min
N020 T0202;                    4mm 切槽刀
N030 G00 X42 Z-34;             G00 快速定位至加工循环起始点
N040 G01 X24 F60;
N050 X28;
N060 Z-32;
N070 X27;
N080 X24 Z-34;
N090 X42;
N100 G00 X100 Z100;            快速退刀
N110 M30;
%
```

在车削螺纹时，零件加工程序如下：

```
%
O6300;
N010 M03 S600;                 主轴正转，转速为 600r/min
N020 T0303;                    螺纹车刀
N030 G00 X30 Z-6;              G00 快速定位至加工循环起始点
N040 G92 X26.1 Z-32F2;         G92 螺纹车削固定循环指令
N050 X25.5;
N060 X24.9;
N070 X24.5;
N080 X24.4;
N090 G00 X100 Z100;            快速退刀
N100 M30;
%
```

6.11.8　仿真加工

加工左端部分时，零件模拟仿真加工如图 6-75 所示。加工右端部分时，零件模拟仿真加工如图 6-76 所示。

图 6-75 加工左端时零件模拟仿真加工

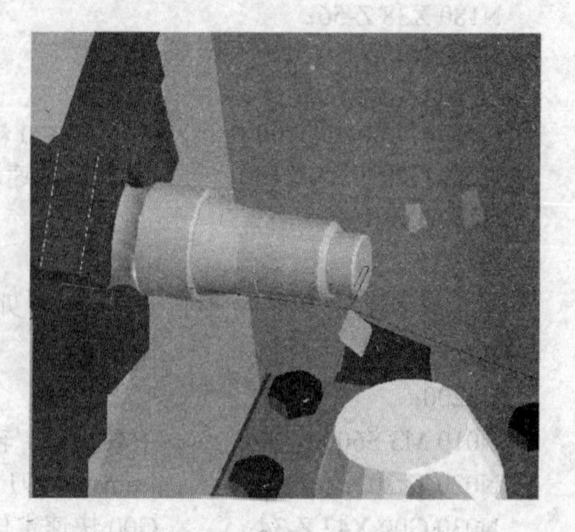

图 6-76 加工右端时零件模拟仿真加工

切割退刀槽时，零件模拟仿真加工过程如图 6-77 所示。

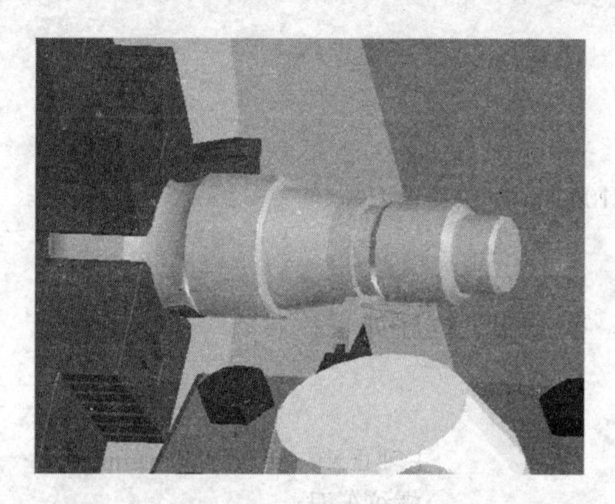

图 6-77 切割退刀槽时零件模拟仿真加工

车削螺纹时，零件模拟仿真加工过程如图 6-78 所示。

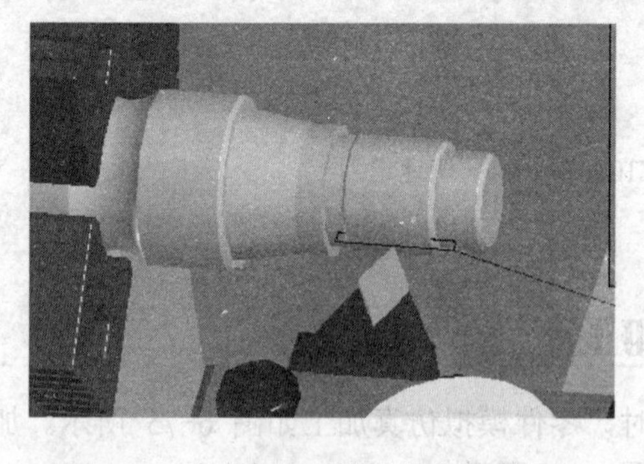

图 6-78 车削螺纹时零件模拟仿真加工

6.11.9　检测与分析

在加工左端部分时，零件尺寸如图 6-79 所示，由测量可知，表面粗糙度 *Ra* 为 6.70μm。

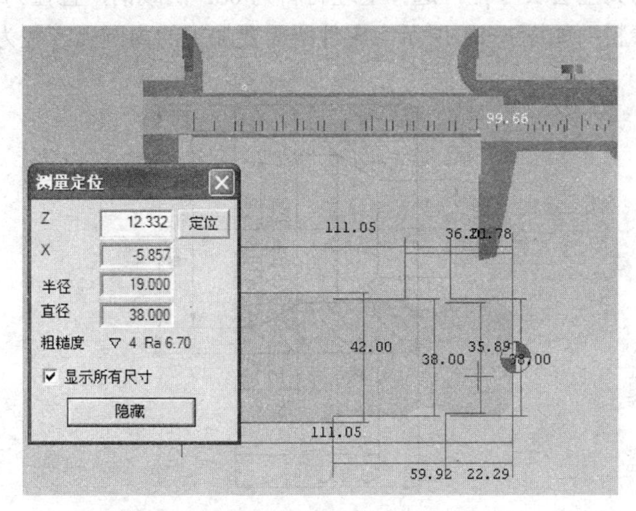

图 6-79　加工左端时零件尺寸测量

在加工右端部分时，零件尺寸如图 6-80 所示，由测量可知，表面粗糙度 *Ra* 为 6.70μm。

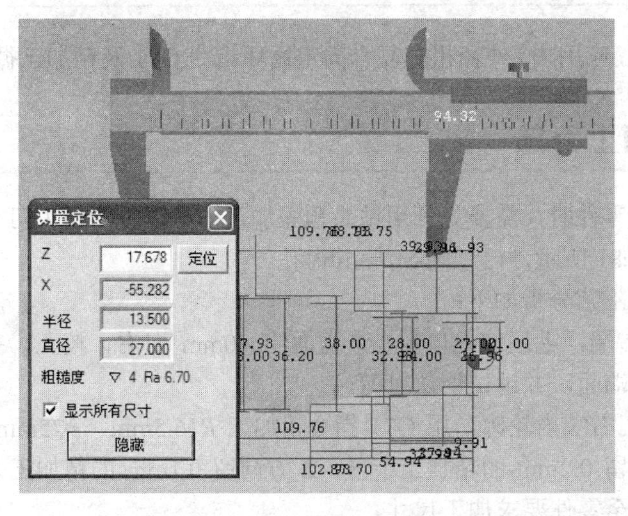

图 6-80　加工右端时零件尺寸测量

6.12 典型套类零件数控车床综合仿真加工

6.12.1 零件图样及信息分析

该零件为典型套类零件，选择毛坯材料为 08F 低碳钢，直径为 44mm、长度为 32mm 的棒料。如图 6-81 所示，零件所需要加工的内圆弧半径为 R16.5mm。

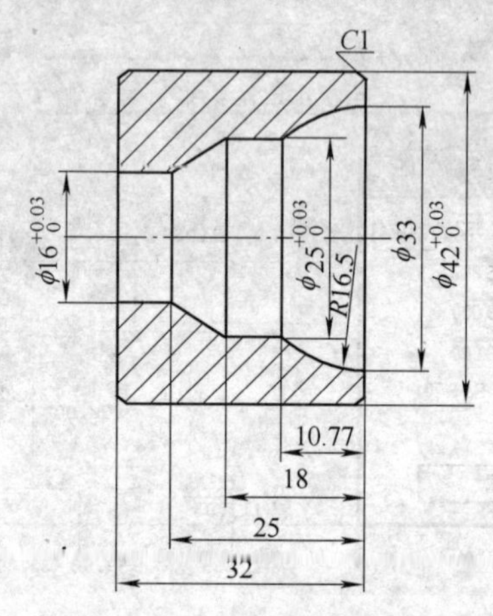

图 6-81 典型套类零件

6.12.2 相关基础知识

在加工时，应用内、外径粗车复合固定循环指令 G71 及精加工循环指令 G70。

6.12.3 加工方法

加工套类零件时，需要先利用钻头预先加工内孔以便于镗刀可以对工件进行切削。如图 6-81 所示，已预制ϕ16mm 内孔。

具体加工工艺分析如下：

1）加工右端，毛坯伸出自定心卡盘面约 40mm 左右，校正，夹紧，用外圆端面车刀加工端面，并用试切法对刀。

2）粗加工右端内轮廓，用 G71 指令粗加工 R16.5mm、ϕ25mm、ϕ16mm 等内圆，X 方向留 0.2mm 的精加工余量，Z 方向留 0.1mm 的精加工余量，用 G70 指令精车外圆至零件要求加工尺寸。

3）检验测量。

6.12.4　加工路线

在加工图 6-81 所示套类零件时，加工路线如图 6-82 所示。

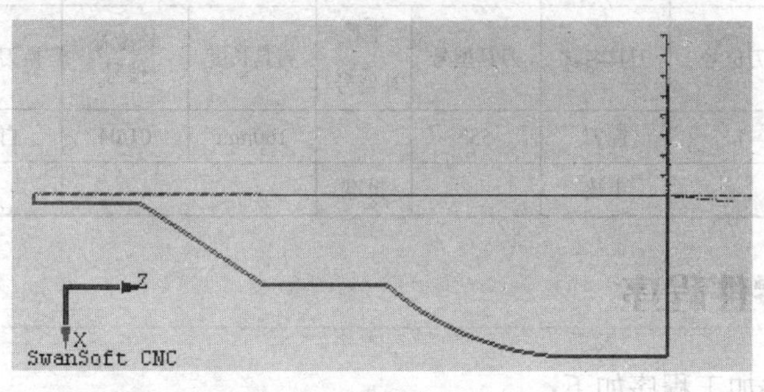

图 6-82　零件加工路线

6.12.5　数控加工工序卡

数控加工工序卡见表 6-24。

表 6-24　数控加工工序卡

<table>
<tr><td rowspan="2">×××
机械厂</td><td colspan="2" rowspan="2">数控加工工序卡</td><td>产品名称</td><td colspan="2">零件名称</td><td colspan="2">零件图号</td></tr>
<tr><td>×××</td><td colspan="2">套类零件</td><td colspan="2">××××</td></tr>
<tr><td>工艺序号</td><td>程序编号</td><td>夹具名称</td><td>夹具编号</td><td colspan="2">使用设备</td><td colspan="2">车间</td></tr>
<tr><td>×××</td><td>P××××</td><td>自定心卡盘</td><td>×××</td><td colspan="2">数控车床</td><td colspan="2">××××</td></tr>
<tr><td>工步号</td><td>工步名称</td><td>工步内容</td><td>刀位号</td><td>刀具规格</td><td>主轴转速/（r/min）</td><td>进给速度/（mm/min）</td><td>切削厚度/mm</td></tr>
<tr><td>1</td><td>右端内圆粗加工</td><td>ϕ33mm，ϕ25mm，ϕ16mm，ϕ42mm</td><td>T1</td><td>镗刀</td><td>800</td><td>100</td><td>0.5</td></tr>
<tr><td>2</td><td>右端内圆精加工</td><td>ϕ33mm，ϕ25mm，ϕ16mm，ϕ42mm</td><td>T1</td><td>镗刀</td><td>1200</td><td>60</td><td>0.1</td></tr>
<tr><td>编制</td><td></td><td>审核</td><td></td><td>批准</td><td></td><td>第　页</td><td>共　页</td></tr>
</table>

6.12.6　数控刀具明细表

数控刀具明细表见表 6-25。

表 6-25 数控刀具明细表

数控刀具明细表	零件名称	零件图号	材料		程序编号		车间	使用设备
	套类零件	×××	45 钢		P ××××		×××	数控车床
刀具号	刀位号	刀具名称	刀具型号	半径补偿号	刀具长度	长度补偿号	换刀方式	加工部位
1	T1	镗刀	55°		160mm	01/04	自动	内孔
编制		审核		批准			共 页	第 页

6.12.7 零件程序

套类零件加工程序如下：

```
%
O7000;
N010 M03 S800;                主轴正转，转速为 800r/min
N020 T0101;                   55° 镗刀
N030 G00 X15 Z5;              G00 快速定位至加工循环起始点
N040 G71 U1 R0.5;             G71 内、外径粗车复合固定循环指令
N050 G71 P60 Q120 U-0.2 W0.1 F100;
N060 G01 X33;
N070 Z0;
N080 G03 X25 Z-10.77 R16.5;
N090 G01 Z-17.77;
N100 X16 Z-24.77;
N110 Z-30.77;
N120 X15;
N130 M03 S1200;
N140 G70 P60 Q120 F60;           G70 精加工循环
N150 G01 X15 Z5;
N160 G00 Z100;
N170 X100;
N180 M30;
%
```

6.12.8 仿真加工

套类零件模拟仿真加工如图 6-83 所示。

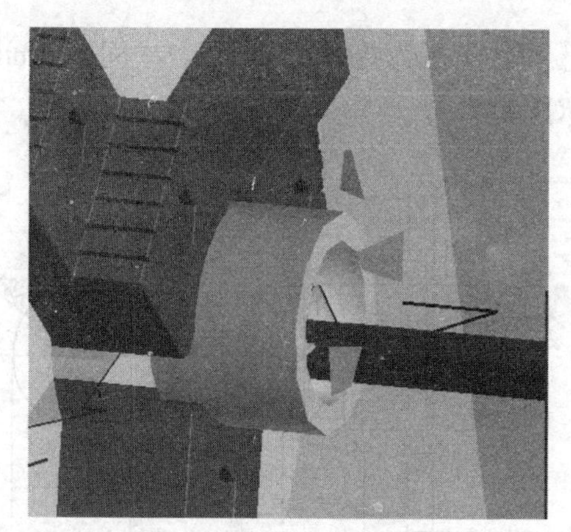

图 6-83 套类零件模拟仿真加工

6.12.9 检测与分析

套类零件各尺寸如图 6-84 所示。由测量可知，表面粗糙度 *Ra* 为 5.00μm。

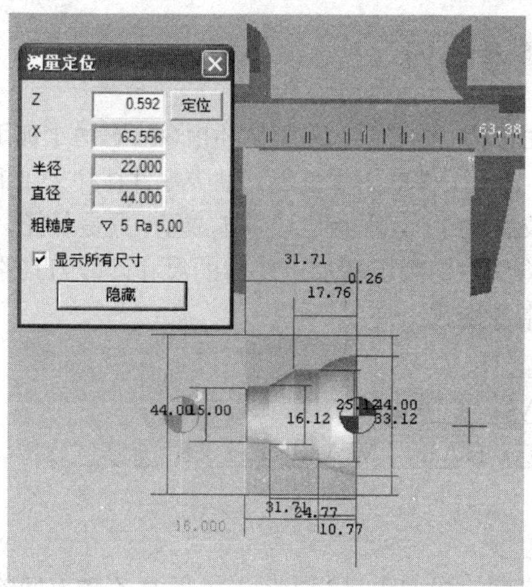

图 6-84 零件加工工件尺寸测量

6.13 零件应用复合循环功能的数控车床仿真加工

6.13.1 零件图样及信息分析

该零件为内径、外径加工，选择毛坯材料为 08F 低碳钢，直径为 66mm、长度为 100mm 的棒料。

如图 6-85 所示，零件右端为 *SR*12 的球体，中间ϕ 34mm 处倒角 *R*8mm，左端ϕ58mm 处凹圆弧 *R*10mm。

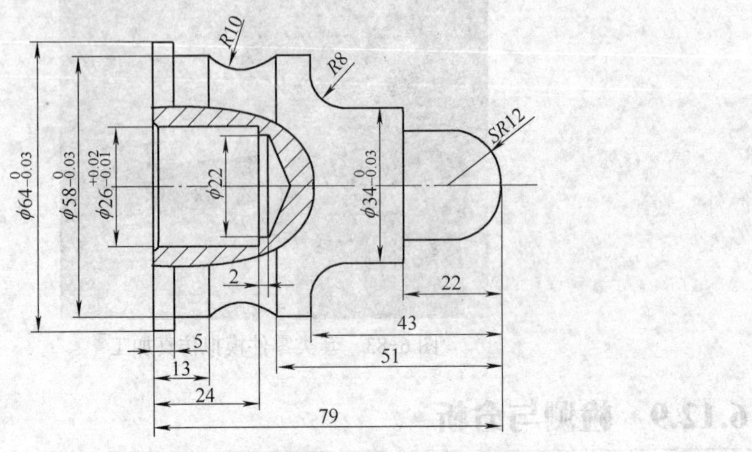

图 6-85　圆弧表面加工零件

6.13.2　相关基础知识

该零件加工采用 G73 固定形状粗车循环指令，它适于加工铸铁、锻件毛坯类零件。为节约材料，提高工件的力学性能，轴类零件往往采用锻造等方法使零件毛坯尺寸接近工件的成品尺寸，其形状已经基本成型，只是外径、长度较成品大一些。

G73 循环指令将工件切削至精加工之前的尺寸，即刀具路径是按工件精加工轮廓进行循环的。指令格式：

G00 X ___ Z___ ；

G73 U△i W△k R △d ；

G73 P ns Q nf U△u W△w F___ S___ T___；

……；

G70 P ns Q nf ；

式中，△i 为 X 轴方向的退刀距离和方向；△k 为 Z 轴方向的退刀距离和方向；△d 为粗车循环次数；ns 为精加工程序第一个程序段的序号；nf 为精加工程序最后一个程序段的序号；△u 为 X 轴方向的精加工余量，符号取决于顺序号 ns 与 nf 间程序段所描述的轮廓形状；△w 为 Z 轴方向的精加工余量，符号取决于顺序号 ns 与 nf 间程序段所描述的轮廓形状。

在执行 G71、G72、G73 粗加工循环指令以后的精加工循环，利用精加工循环指令 G70，在该指令程序段内要指令精加工程序第一个程序段号和精加工程序最后一个程序段号。在 G70 状态下，在指定的精车描述程序段中的 F、S、T 有效；

若不指定，则维持粗车指定的 F、S、T 有效。G70 到 G73 指令中，ns 到 nf 间的程序段不能调用子程序。当 G70 指令循环结束时，刀具返回起始点，并读取下一个程序段。指令格式：

G70 P ns　Q nf ；

式中，ns 为精加工程序第一个程序段的序号；nf 为精加工程序最后一个程序段的序号。

6.13.3　加工方法

毛坯为ϕ66mm 的棒料，先用 G71 循环指令加工左端内径部分，再利用 G73 指令加工右端，加工时以右端面回转中心为零点，从右端至左端轴向进给切削。在 G73 固定形状粗车循环指令中，刀具首先快速移动到加工循环起始点，然后再直线插补对工件进行切削，最后快速退刀，对零件进行循环加工。

具体加工工艺分析：

1）加工左端，毛坯伸出自定心卡盘面约 40mm 左右，校正，夹紧，用外圆端面车刀加工端面，并用试切法对刀。

2）粗加工内轮廓，用 G71 指令粗加工ϕ26mm 内孔，X 方向留 0.2mm 的精加工余量，Z 方向留 0.1mm 的精加工余量，精车内孔。此时需注意粗加工内孔时的余量方向，内孔为负。

3）调头装夹工件。

4）加工右端，粗加工外轮廓，用 G73 指令粗加工ϕ64mm 外圆，X 方向留 0.2mm 的精加工余量，Z 方向留 0.1mm 的精加工余量，G70 精车外圆。

5）检验测量。

6.13.4　加工路线

加工圆弧表面零件时，加工路线如图 6-86 所示。

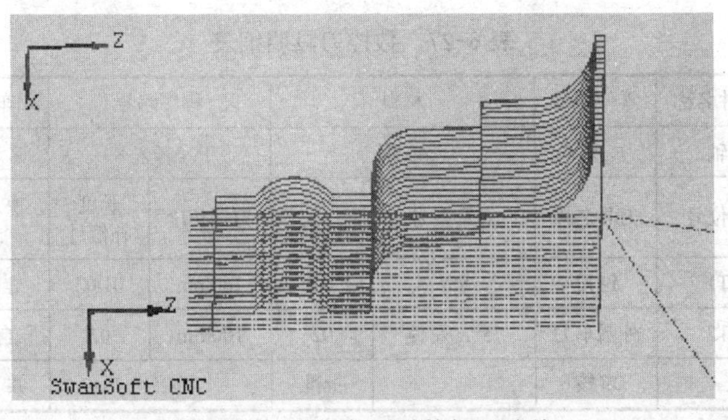

图 6-86　圆弧表面零件加工路线

6.13.5 数控加工工序卡

数控加工工序卡见表 6-26。

表 6-26 数控加工工序卡

×××机械厂	数控加工工序卡		产品名称		零件名称		零件图号	
			×××		轴类零件		××××	
工艺序号	程序编号	夹具名称	夹具编号		使用设备		车间	
×××	P ××××	自定心卡盘	×××		数控车床		××××	
工步号	工步名称	工步内容	刀位号	刀具规格	主轴转速/（r/min）	进给速度/（mm/min）	切削厚度/mm	
1	钻孔	工艺孔		ϕ22mm	500	60	11	
2	左端内孔粗加工	ϕ26mm	T1	镗刀	800	100	0.5	
3	左端内孔精加工	ϕ26mm	T1	镗刀	1200	60	0.1	
4	右端外圆粗加工	ϕ34mm，ϕ58mm，ϕ64mm，R12mm	T2	外圆车刀	800	100	0.5	
5	右端外圆精加工	ϕ34mm，ϕ58mm，ϕ64mm，R12mm	T2	外圆车刀	1200	100	0.1	
编制		审核		批准		第 页	共 页	

6.13.6 数控刀具明细表

数控刀具明细表见表 6-27。

表 6-27 数控刀具明细表

数控刀具明细表	零件名称	零件图号	材料		程序编号		车间	使用设备
	轴	×××	45 钢		P××××		×××	数控车床
刀具号	刀位号	刀具名称	刀具型号	半径补偿号	刀具长度	长度补偿号	换刀方式	加工部位
1	T1	镗刀	55°	01	160mm	01/02	自动	内孔
2	T2	外圆车刀	75°，左偏	02	100mm	02	自动	外圆
编制		审核		批准			共 页	第 页

6.13.7 零件程序

加工左端内径时的程序如下：

```
%
O0003;
N010 M03 S600;                    主轴正转
N020 T0101;
N030 G00 X21 Z5;                  G00 快速定位加工循环起始点
N040 G71 U0.5 R0.5;               X 方向进刀量 0.5mm，退刀量 0.5mm
N050 G71 P60 Q100 U0.2 W0.1 F100;
N060 G01 X28;                     加工轮廓程序
N070 Z0;
N080 X26 Z-1;
N090 Z-24;
N100 X21;
N110 M03 S1000;
N120 G70 P60 Q100;                G70 精加工循环
N130 G00 Z100;
N140 X100;
M30;
%
```

加工圆弧表面的程序如下：

```
%
O0005;
N010 M3 S800;                     主轴正转，转速为 800r/min
N020 T0202;                       75° 外圆车刀
N030 G00 X68 Z2;                  G00 快速定位至加工循环起始点
N040 G73 U22 R22;                 G73 粗车加工复合循环
N050 G73 P60 Q180 U0.2 W0.1 F100;
N060 G01 X0;                      加工轮廓程序
N070 Z0;
N080 G03 X24 Z-12 R12;
N090 G01 Z-22;
N100 X34;
N110 Z-35;
N120 G02 X50 Z-43 R8;
N130 G01 X58;
N140 Z-51;
N150 G02 X58 Z-66 R10;
N160 G01 Z-74;
N170 X64;
N180 Z-79;
```

```
N190 G00 X68 Z2;
N200 M03 S1200;
N210 G70 P60 Q180 F60;                    G70 精加工循环
N220 G00 X100 Z100;                       G00 快速退刀
N230 M30;
%
```

6.13.8　仿真加工

加工左端内径时的模拟仿真加工，如图 6-87 所示。加工圆弧表面的模拟仿真加工，如图 6-88 所示。

图 6-87　加工左端内径

图 6-88　加工圆弧表面

6.13.9　检测与分析

圆柱表面零件各尺寸如图 6-89 所示。由测量可知，左端内径表面粗糙度 *Ra* 为 8.70μm，右端圆弧表面粗糙度 *Ra* 为 6.70μm。

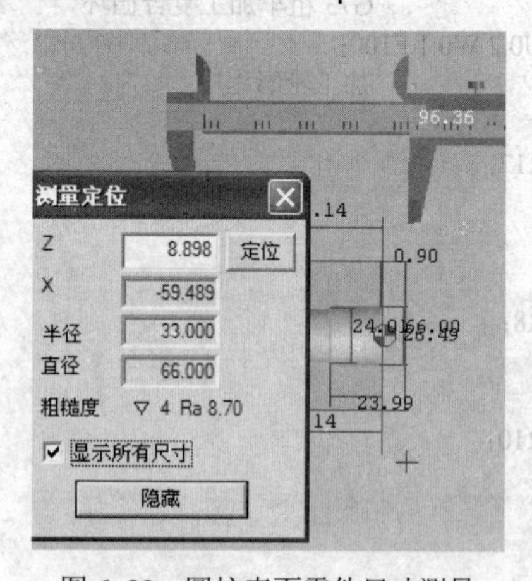

图 6-89　圆柱表面零件尺寸测量

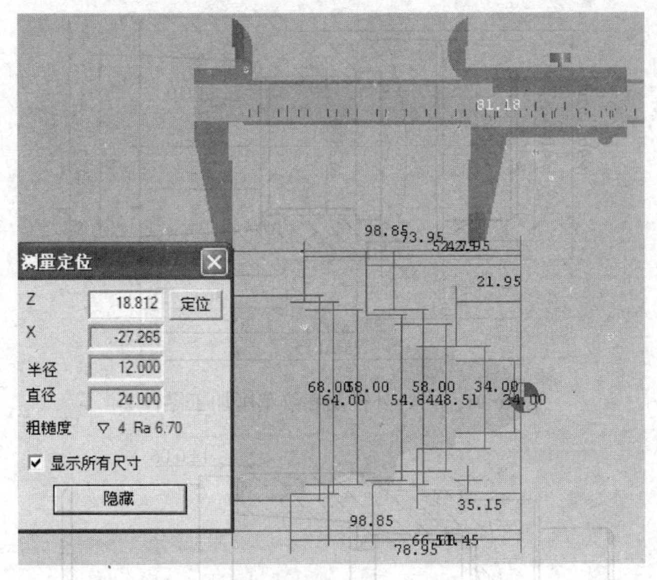

图 6-89　圆柱表面零件尺寸测量（续）

6.14　两件配合数控车床仿真加工

6.14.1　零件图样及信息分析

零件 1、2 为两配合工件，选择毛坯材料为 08F 低碳钢。零件 1 为轴类零件，具有退刀槽、螺纹、锥度等，需要加工的尺寸分别为 $\phi52_{-0.021}^{\ 0}$ mm、$\phi36_{-0.1}^{\ 0}$ mm、M28mm×2mm、5mm×2mm、锥度 1:10 等，如图 6-90 所示。零件 2 为轴套类零件，具有内孔、锥度、螺纹等，需要加工的尺寸分别为 $\phi52_{-0.021}^{\ 0}$ mm、$\phi40_{-0.021}^{\ 0}$ mm、$\phi46_{-0.021}^{\ 0}$ mm、M28mm×2mm、5mm×2mm、锥度 1:10 等，如图 6-91 所示，配合如图 6-92 所示。

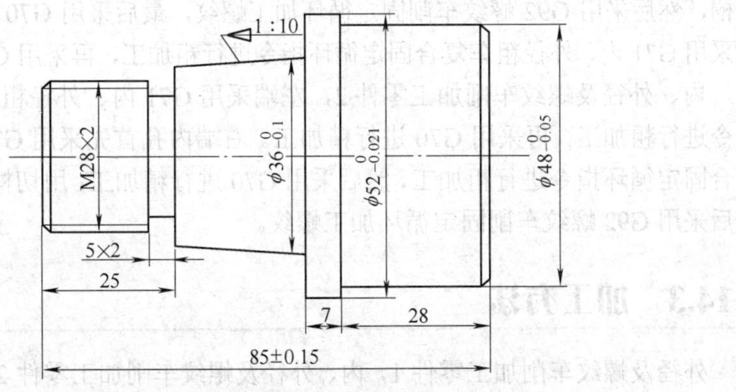

图 6-90　外径及螺纹车削加工零件 1

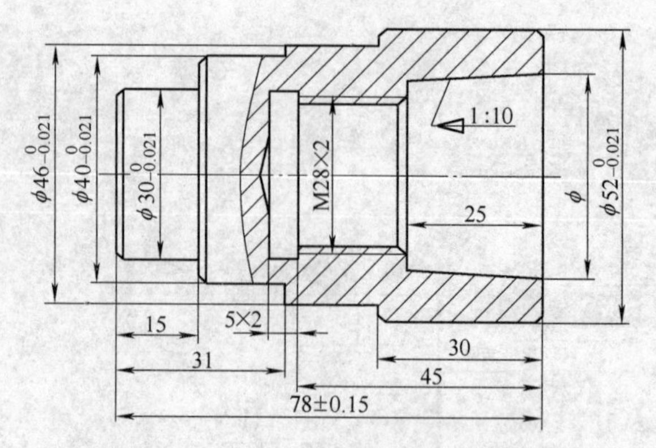

图 6-91　内、外径及螺纹车削加工零件 2

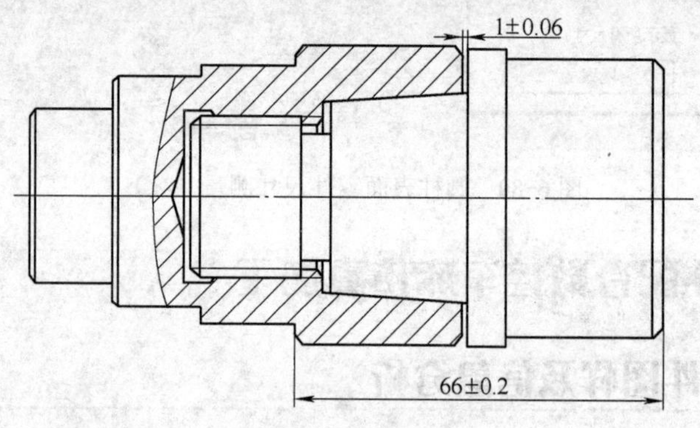

图 6-92　零件配合

6.14.2　相关基础知识

外径及螺纹车削加工零件 1，该零件为简单的轴类零件，左端带有锥度和螺纹，首先采用 G71 内、外径粗车复合固定循环指令进行粗加工，再通过切槽刀加工退刀槽，然后采用 G92 螺纹车削固定循环加工螺纹，最后采用 G70 进行精加工。右端采用 G71 内、外径粗车复合固定循环指令进行粗加工，再采用 G70 进行精加工。

内、外径及螺纹车削加工零件 2，左端采用 G71 内、外径粗车复合固定循环指令进行粗加工，再采用 G70 进行精加工。右端内孔首先采用 G71 内、外径粗车复合固定循环指令进行粗加工，然后采用 G70 进行精加工；用切槽刀加工退刀槽，最后采用 G92 螺纹车削固定循环加工螺纹。

6.14.3　加工方法

外径及螺纹车削加工零件 1，内、外径及螺纹车削加工零件 2 为配合件加工，分别具有外圆、锥度、退刀槽、螺纹等加工。

具体加工工艺分析：

1. 外径及螺纹车削加工零件 1

1）利用自定心卡盘装夹工件左端，工件伸出长度为 40mm 左右，通过试切法对刀，以工件右端回转中心为零点，建立工件坐标系。

2）粗加工右端外圆轮廓，通过编制程序，车削工件右端 $\phi48_{-0.05}^{\ 0}$ mm、$\phi52_{-0.021}^{\ 0}$ mm，X 方向留 0.2mm 的精加工余量，Z 方向留 0.1mm 的精加工余量。

3）精加工右端外圆轮廓各尺寸。

4）调头装夹工件，利用自定心卡盘装夹工件右端，工件伸出长度为 57mm 左右，通过试切法对刀，建立工件坐标系。

5）粗加工左端外圆轮廓，通过编制程序，车削工件左端 ϕ28mm、锥度 1:10 等，X 方向留 0.2m 的精加工余量，Z 方向留 0.1mm 的精加工余量。

6）精加工左端外圆轮廓各尺寸。

7）用 3mm 切槽刀切削退刀槽 5mm×2mm。

8）螺纹刀加工螺纹 M28mm×2mm。

9）检测加工尺寸。

2. 内、外径及螺纹车削加工零件 2

1）利用自定心卡盘装夹工件左端，工件右端伸出长度为 40mm 左右，通过试切法对刀，以工件右端回转中心为零点，建立工件坐标系。

2）粗加工右端外圆轮廓，通过编制程序，车削工件右端 $\phi52_{-0.021}^{\ 0}$ mm，X 方向留 0.2mm 的精加工余量，Z 方向留 0.1mm 的精加工余量。

3）精加工右端外圆轮廓各尺寸。

4）用 ϕ22mm 钻头钻工艺孔，深度 53mm。

5）粗加工右端孔外圆轮廓，通过编制程序，车削工件右端孔锥度 1:10，ϕ28mm，X 方向留 0.2mm 的精加工余量，Z 方向留 0.1mm 的精加工余量。

6）用内切槽刀加工退刀槽 5mm×2mm。

7）用内螺纹刀车削内螺纹 M28mm×2mm。

8）调头装夹工件，利用自定心卡盘装夹工件右端，工件伸出长度为 50mm 左右，通过试切法对刀，建立工件坐标系。

9）粗加工左端外圆轮廓，通过编制程序，车削工件左端 $\phi30_{-0.021}^{\ 0}$ mm、$\phi40_{-0.021}^{\ 0}$ mm、$\phi46_{-0.021}^{\ 0}$ mm 等，X 方向留 0.2mm 的精加工余量，Z 方向留 0.1mm 的精加工余量。

10）精加工左端外圆轮廓各尺寸。

11）检测加工尺寸。

6.14.4 加工路线

1. 外径及螺纹车削零件 1 加工路线

加工零件右端外圆及倒角时，加工路线如图 6-93 所示。

图 6-93 加工零件右端外圆及倒角时的加工路线

加工零件左端外圆时，加工路线如图 6-94 所示。

图 6-94 加工零件左端外圆时的加工路线

加工零件左端退刀槽时，加工路线如图 6-95 所示。加工零件左端螺纹时，加工路线如图 6-96 所示。

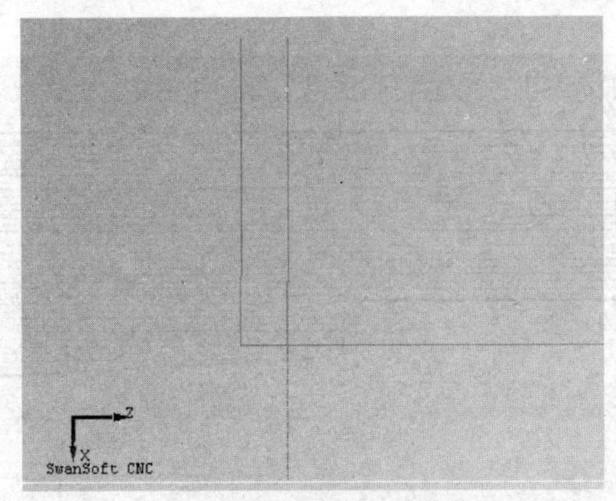

图 6-95 加工零件左端退刀槽时的加工路线

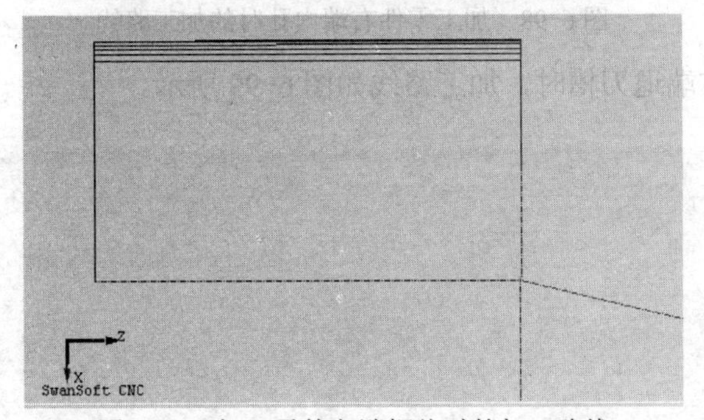

图 6-96 加工零件左端螺纹时的加工路线

2. 内、外径及螺纹车削零件 2 加工路线

加工零件右端外圆及倒角时，加工路线如图 6-97 所示。加工零件右端内孔时，加工路线如图 6-98 所示。

图 6-97 加工零件右端外圆及倒角时的加工路线

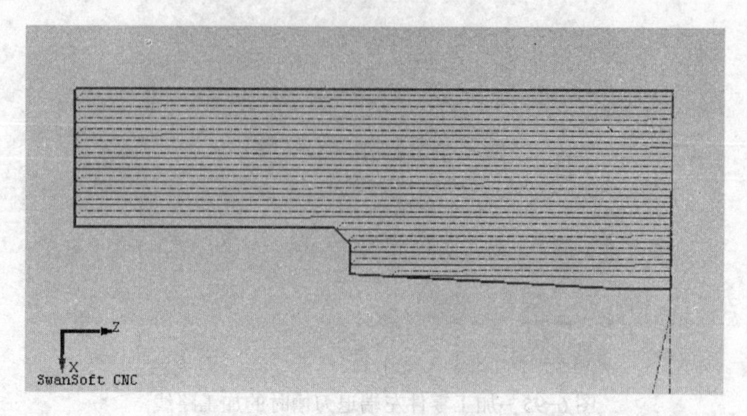

图 6-98　加工零件右端内孔时的加工路线

加工零件右端退刀槽时，加工路线如图 6-99 所示。

图 6-99　加工零件右端退刀槽时的加工路线

加工零件右端螺纹时，加工路线如图 6-100 所示。

图 6-100　加工零件右端螺纹时的加工路线

6.14.5　数控加工工序卡

零件 1 数控加工工序卡见表 6-28。

表6-28　零件1数控加工工序卡

×××机械厂	数控加工工序卡		产品名称	零件名称		零件图号	
			×××	轴类零件		××××	
工艺序号	程序编号	夹具名称	夹具编号	使用设备		车间	
×××	P ××××	自定心卡盘	×××	数控车床		××××	
工步号	工步名称	工步内容	刀位号	刀具	主轴转速/（r/min）	进给速度/（mm/min）	切削厚度/mm
1	右端外圆粗加工	ϕ48mm，ϕ52mm	T1	外圆车刀	800	100	0.5
2	右端外精加工	ϕ48mm，ϕ52mm	T1	外圆车刀	1200	60	0.1
3	左端外圆/锥度粗加工	ϕ28mm，锥度1:10	T1	外圆车刀	800	100	0.5
4	左端外圆/锥度精加工	ϕ28mm，锥度1:10	T1	外圆车刀	1200	60	0.1
5	左端退刀槽	5mm×2mm	T2	切槽刀	800	60	2
6	左端螺纹	M28mm×2mm	T3	外螺纹车刀	600		
编制		审核		批准		第　页	共　页

零件2数控加工工序卡见表6-29。

表6-29　零件2数控加工工序卡

×××机械厂	数控加工工序卡		产品名称	零件名称		零件图号	
			×××	轴类零件		××××	
工艺序号	程序编号	夹具名称	夹具编号	使用设备		车间	
×××	P ××××	自定心卡盘	×××	数控车床		××××	
工步号	工步名称	工步内容	刀位号	刀具规格	主轴转速/（r/min）	进给速度/（mm/min）	切削厚度/mm
1	右端外圆粗加工	ϕ52mm	T1	外圆车刀	800	100	0.5
2	右端外圆精加工	ϕ52mm	T1	外圆车刀	1200	60	0.1
3	钻孔	工艺孔		钻头	100	60	
4	右端内孔粗加工	ϕ28mm，锥度1:10	T2	镗刀	800	100	0.5
5	右端内孔精加工	ϕ28mm，锥度1:10	T2	镗刀	800	100	0.1
6	右端内孔退刀槽	5mm×2mm	T3	切槽刀	800	60	2
7	右端内孔螺纹	M28mm×2mm	T4	外螺纹车刀	600		

（续）

×××机械厂	数控加工工序卡		产品名称	零件名称		零件图号	
			×××	轴类零件		××××	
工艺序号	程序编号	夹具名称	夹具编号	使用设备		车间	
×××	P ××××	自定心卡盘	×××	数控车床		××××	
工步号	工步名称	工步内容	刀位号	刀具规格	主轴转速 /（r/min）	进给速度 /（mm/min）	切削厚度 /mm
8	左端外圆粗加工	ϕ30mm，ϕ40mm，ϕ46mm	T1	外圆车刀	800	100	0.5
9	左端外圆精加工	ϕ30mm，ϕ40mm，ϕ46mm	T1	外圆车刀	1200	60	0.1
编制		审核		批准		第　页	共　页

6.14.6　数控刀具明细表

零件 1 数控刀具明细表见表 6-30。

表 6-30　零件 1 数控刀具明细表

数控刀具明细表	零件名称	零件图号	材料		程序编号		车间	使用设备
	轴	×××	45 钢		P ××××		×××	数控车床
刀具号	刀位号	刀具名称	刀具型号	半径补偿号	刀具长度	长度补偿号	换刀方式	加工部位
1	T1	外圆车刀	75°，左偏		160mm	01/02	自动	外圆、锥度
2	T2	切槽刀	3mm		100mm	02	自动	退刀槽
3	T3	螺纹车刀	60°		160mm	03	自动	螺纹
编制		审核		批准			共　页	第　页

零件 2 数控刀具明细表见表 6-31。

表 6-31　零件 2 数控刀具明细表

数控刀具明细表	零件名称	零件图号	材料		程序编号		车间	使用设备
	轴	×××	45 钢		P ××××		×××	数控车床
刀具号	刀位号	刀具名称	刀具型号	半径补偿号	刀具长度	长度补偿号	换刀方式	加工部位
1		钻头	ϕ22mm		160mm			工艺孔
2	T1	镗刀	55°		160mm	01/02	自动	内圆、锥度
3	T2	切槽刀	3mm		100mm	02	自动	退刀槽
4	T3	螺纹车刀	60°		160mm	03	自动	螺纹
编制		审核		批准			共　页	第　页

6.14.7 零件程序

1. 零件 1 程序

1）右端外圆加工时，零件程序如下：

%
O0001； 程序号
N010 M03 S800； 主轴正转，转速为 800r/min
N020 T0101； 刀具号 1
N030 G00 X56 Z5； G00 快速定位加工起始点（56，5）
N040 G71 U1 R0.5； G71 粗车加工复合循环，切削厚度 1mm，退刀量 0.5mm
N050 G71 P60 Q180 U0.2 W0.1 F100； X 方向精加工余量 0.2mm，Z 方向精加工余量 0.1mm
N060 G01 X0； 右端外圆加工
N060 Z0；
N070 X46；
N080 X48 Z-1；
N090 Z-28；
N100 X52；
N110 Z-40；
N120 X56；
N130 Z5；
N140 M03 S1200； 主轴正转，转速为 1200r/min
N1500 G70 P60 Q110 F80； G70 左端外圆精加工循环
N160 G00 X100； 快速移动至 X100
N170 Z100； 快速移动至 Z100
N180 M30； 程序结束
%

2）左端外圆加工时，零件程序如下：

%
O0001； 程序号
N010 M03 S800； 主轴正转，转速为 800r/min
N020 T0101； 刀具号 1
N030 G00 X56 Z5； G00 快速定位加工起始点（56，5）
N040 G71 U1 R0.5； G71 粗车加工复合循环，切削厚度 1mm，退刀量 0.5mm
N050 G71 P60 Q180 U0.2 W0.1 F100；X 方向精加工余量 0.2 mm，Z 方向精加工余量 0.1 mm
N060 G01 X0； 右端外圆加工
N070 Z0；
N080 X25；
N090 X28 Z-1.5；
N100 Z-25；

```
N110 X33.5;
N120 X36 Z-50;
N130 X56;
N140Z5;
N150Z5N140 M03 S1200;           主轴正转，转速为 1200r/min
N160 G70 P60 Q110 F80;          G70 左端外圆精加工循环
N170 G00 X100;                  快速移动至 X100
N180 Z100;                      快速移动至 Z100
N190 M30;                       程序结束
%
```

3）左端退刀槽加工时，零件程序如下：

```
%
O0002;                      程序号
N010 M03 S600;              主轴正转，转速为 600r/min
N020 T0202;                 刀具号 2
N030 G00 X56 Z5;            G00 快速定位加工起始点（56，5）
N040 G01 Z-25 F60;
N050 X24;
N060 X56;
N070 Z-23;
N080 X24;
N090 G00 X100;              快速移动至 X100
N100 Z100;                  快速移动至 Z100
N110 M30;                   程序结束
```

4）左端螺纹加工时，零件程序如下：

```
%
O0002;                      程序号
N010 M03 S600;              主轴正转，转速为 600r/min
N020 T0303;                 刀具号 2
N030 G00 X56 Z5;            G00 快速定位加工起始点（56，5）
N040 G92 X28 Z-23 F2;
N050 X27.1;
N060 X26.5;
N070 X25.9;
N080 X25.5;
N090 X25.4;
N090 G00 X100;              快速移动至 X100
N100 Z100;                  快速移动至 Z100
N110 M30;                   程序结束
%
```

2. 零件 2 程序

1）右端外圆加工时，零件程序如下：

```
%
O0001;                          程序号
N010 M03 S800;                  主轴正转，转速为 800r/min
N020 T0101;                     刀具号 1
N030 G00 X56 Z5;                G00 快速定位加工起始点（56，5）
N040 G71 U1 R0.5;               G71 粗车加工复合循环，切削厚度 1mm，退刀量 0.5mm
N050 G71 P60 Q180 U0.2 W0.1 F100; X 方向精加工余量 0.2mm，Z 方向精加工余量 0.1mm
N060 G01 X0;                    右端外圆加工
N060 Z0;
N080 X50;
N090 X52 Z-1;
N100 Z-48;
N110 X56
N120 Z5;
N130 M03 S1200;                 主轴正转，转速为 1200r/min
N140 G70 P60 Q110 F80;          G70 左端外圆精加工循环
N150 G00 X100;                  快速移动至 X100
N160 Z100;                      快速移动至 Z100
N170 M30;                       程序结束
%
```

2）右端孔加工时，零件程序如下：

```
%
O0001;                          程序号
N010 M03 S800;                  主轴正转，转速为 800r/min
N020 T0202;                     刀具号 1
N030 G00 X40 Z5;                G00 快速定位加工起始点（40，5）
N040 G71 U1 R0.5;               G71 粗车加工复合循环，切削厚度 1mm，退刀量 0.5mm
N050 G71 P60 Q180 U0.2 W0.1 F100; X 方向精加工余量 0.2mm，Z 方向精加工余量 0.1mm
N060 G01 X35.9;                 右端内孔加工
N070 Z0
N090 X33.4 Z-25
N100 X28
N110 X25 Z-26.5
N120 Z-51
N120 X0
N130 Z5;
N140 M03 S1200;                 主轴正转，转速为 1200r/min
N150 G70 P60 Q110 F80;          G70 左端外圆精加工循环
N160 G00 X100;                  快速移动至 X100
N170 Z100;                      快速移动至 Z100
N180 M30;                       程序结束
```

%

3）右端退刀槽加工时，零件程序如下：

%	
O0002；	程序号
N010 M03 S600；	主轴正转，转速为 600r/min
N020 T0202；	刀具号 2
N030 G00 X22 Z5；	G00 快速定位加工起始点（22，5）
N040 G01 Z-50 F60；	
N050 X27.8；	
N060 X22；	
N070 Z-48；	
N080 X28；	
N090 Z-50；	
N100 X22；	
N110 Z5；	
N120 G00 X100；	快速移动至 X100
N130 Z100；	快速移动至 Z100
N140 M30；	程序结束

4）右端内螺纹加工时，零件程序如下：

%	
O0003	程序号
N010 M03 S600；	主轴正转，转速为 800r/min
N020 T0303；	刀具号 1
N030 G00 X22 Z5；	G00 快速定位加工起始点
N040 Z-23；	
N050 G92 X25.9 Z-47 F2；	G92 循环指令加工螺纹
N060 X26.5；	
N070 X27.1；	
N080 X27.5；	
N090 X27.6；	
N100 X28；	
N110 G01 X22；	
N120 G00 Z100；	快速退刀移动至 Z100
N130 X100；	快速退刀移动至 X100
N110 M30；	程序结束
%	

5）左端外圆加工时，零件程序如下：

%	
O0001；	程序号
N010 M03 S800；	主轴正转，转速为 800r/min
N020 T0101；	刀具号 1
N030 G00 X56 Z5；	G00 快速定位加工起始点（56，5）
N040 G71 U1 R0.5；	G71 粗车加工复合循环，切削厚度 1mm，退刀量 0.5mm

```
N050 G71 P60 Q140 U0.2 W0.1 F100;X 方向精加工余量 0.2 mm,Z 方向精加工余量 0.1 mm
N060 G01 X0;
N070 G01 Z0;
N080 X28;
N090 X30 Z-1;
N100 Z-15;
N110 X38;
N120 X40 Z-16;
N130 Z-31;
N140 X46;
N150 Z-48;
N160 X50;
N170 X52 Z-49;
N180 X56;
N190 Z5;
N200 M03 S1200;                主轴正转，转速为 1200r/min
N210 G70 P60 Q110 F80;         G70 左端外圆精加工循环
N220 G00 X100;                 快速移动至 X100
N230 Z100;                     快速移动至 Z100
N240 M30;                      程序结束
%
```

6.14.8　仿真加工

1. **零件** 1

零件 1 右端外圆车削时，仿真加工如图 6-101 所示。零件 1 左端外圆车削时，仿真加工如图 6-102 所示。

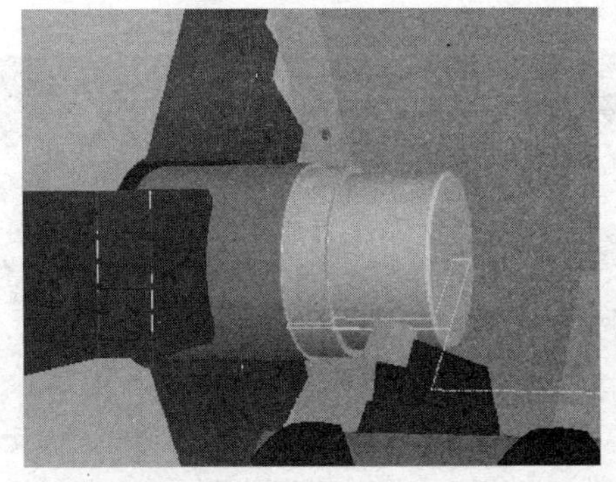

图 6-101　仿真加工右端外圆

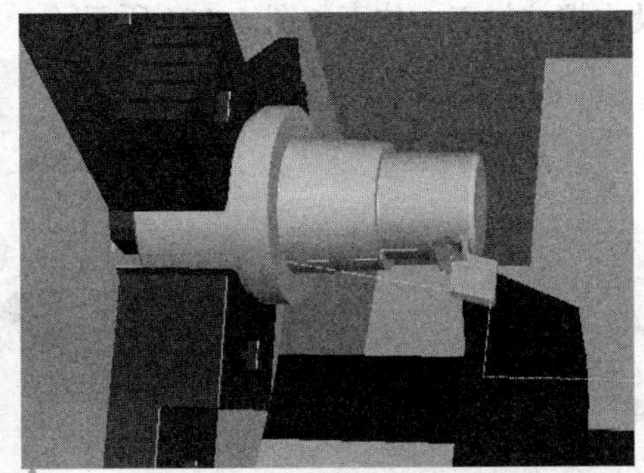

图 6-102　仿真加工左端外圆

零件 1 左端退刀槽加工时，仿真如图 6-103 所示。

图 6-103　左端退刀槽仿真加工

零件 1 左端螺纹加工时，仿真如图 6-104 所示。

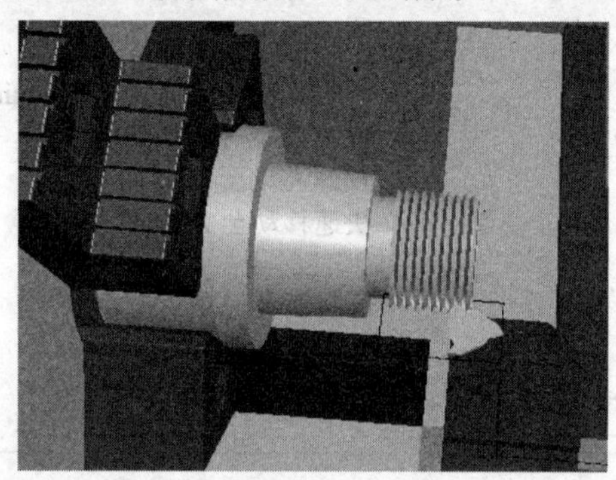

图 6-104　左端螺纹仿真加工

2. **零件** 2

零件 2 右端钻孔及内孔车削加工，仿真如图 6-105 所示。零件 2 右端退刀槽及内螺纹加工，仿真如图 6-106 所示。

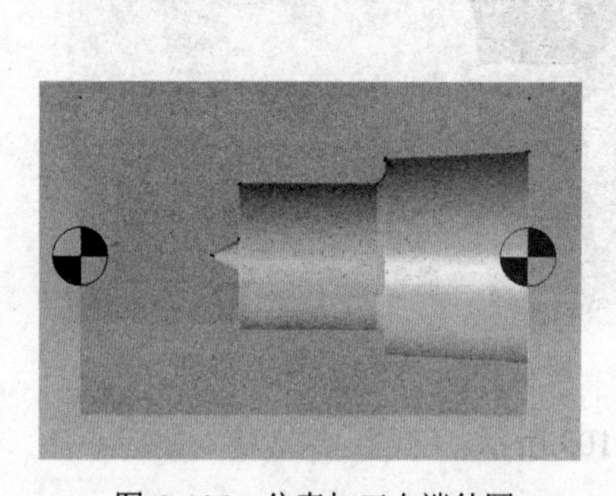

图 6-105　仿真加工右端外圆

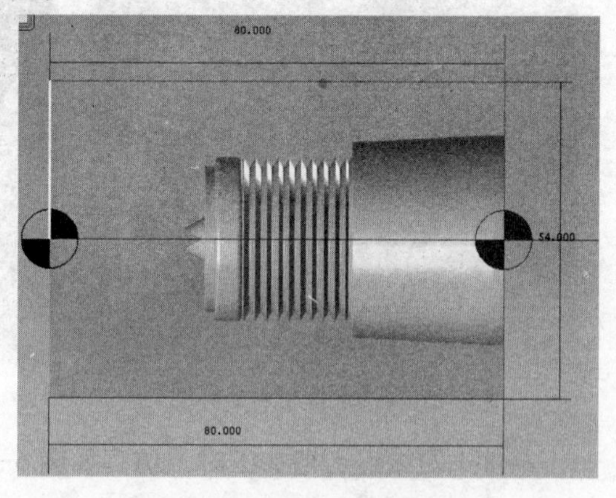

图 6-106　右端退刀槽仿真加工

零件 2 右端外圆车削时，仿真如图 6-107 所示。

图 6-107　仿真加工右端外圆

零件 2 左端外圆加工时，仿真如图 6-108 所示。

图 6-108　左端螺纹仿真加工

6.14.9　检测与分析

1. **零件** 1

零件 1 各尺寸检测与分析如图 6-109 所示。由测量可知，零件 1 表面粗糙度 *Ra* 为 5.00μm，如图 6-110 所示。

2. **零件** 2

零件 2 各尺寸检测与分析如图 6-111 所示。由测量可知，零件 2 表面粗糙度

Ra 为 5.00μm，如图 6-112 所示。

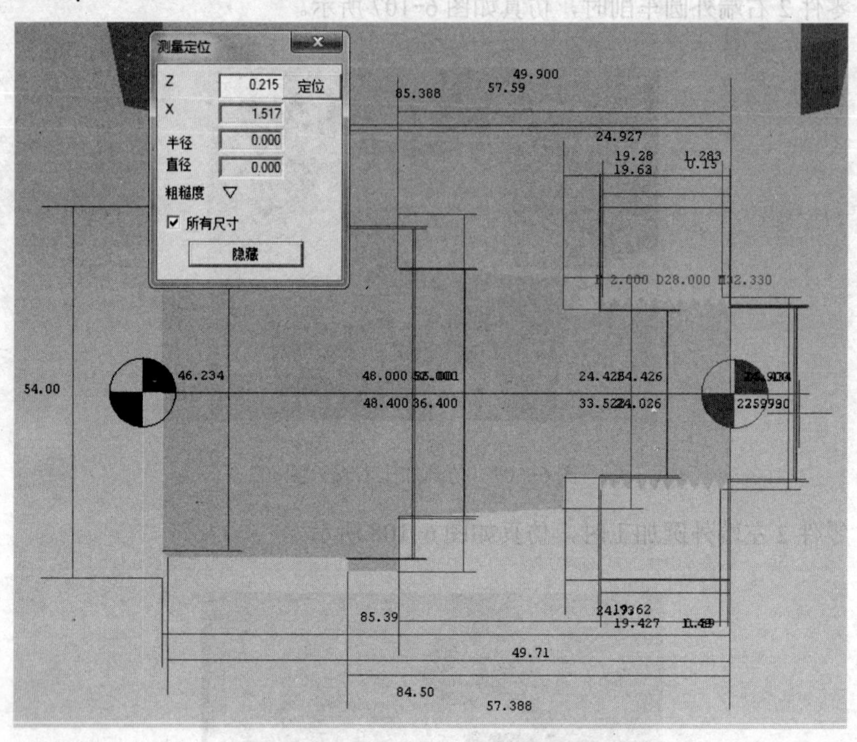

图 6-109　零件 1 各尺寸检测与分析

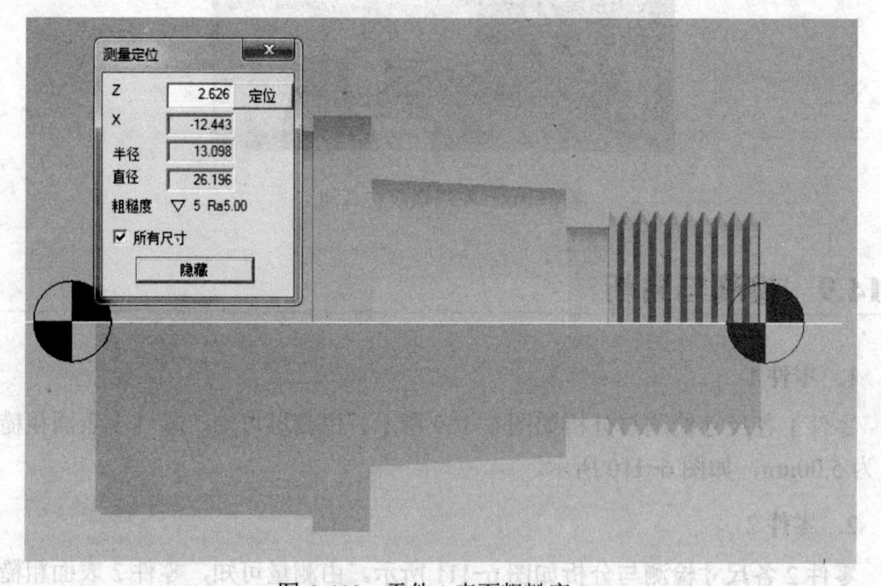

图 6-110　零件 1 表面粗糙度 *Ra*

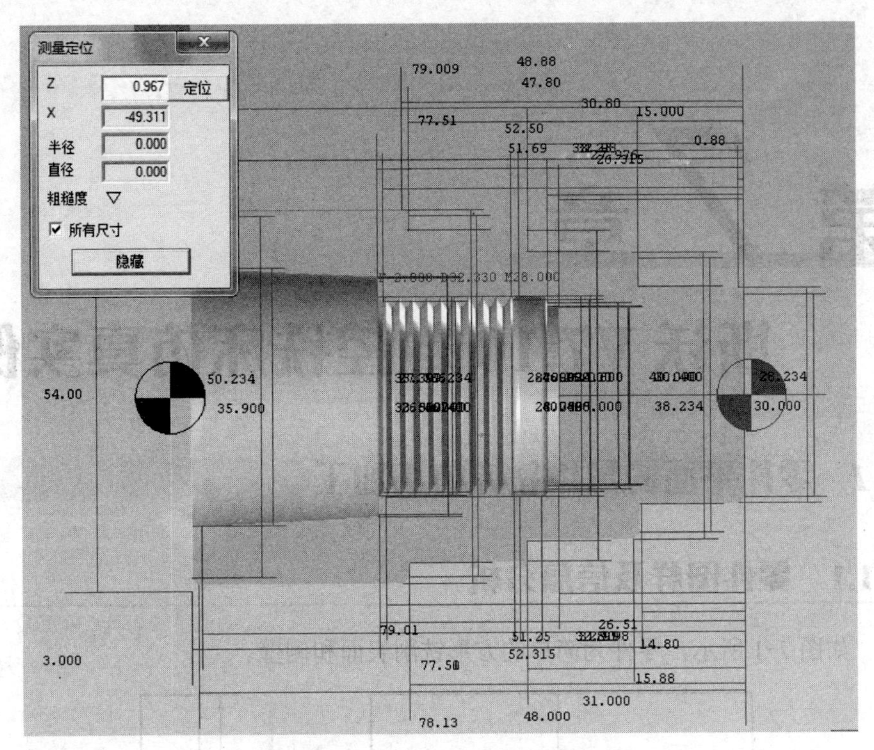

图 6-111　零件 2 尺寸检测与分析

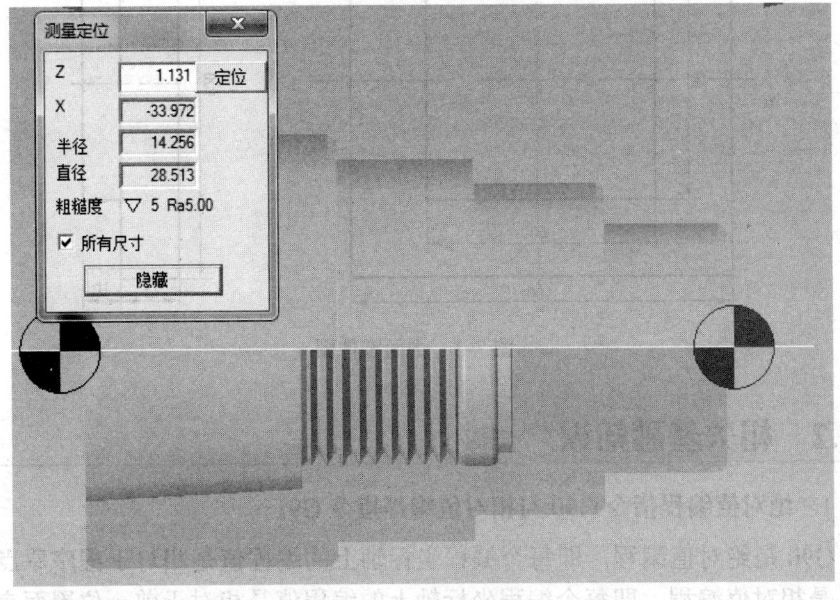

图 6-112　零件 2 表面粗糙度 *Ra*

第7章

斯沃 V7.10 数控铣床仿真实例

7.1 零件平面的数控铣床仿真加工

7.1.1 零件图样及信息分析

如图 7-1 所示，零件为简单的方形铣削表面和侧壁。

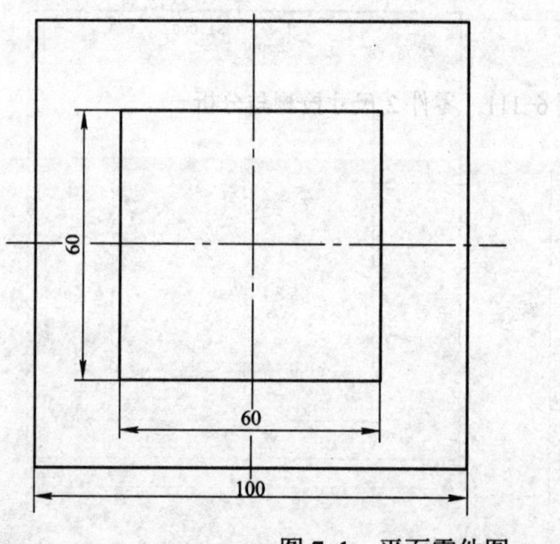

图 7-1 平面零件图

7.1.2 相关基础知识

1. **绝对值编程指令 G90 与相对值编程指令 G91**

G90 是绝对值编程，即每个编程坐标轴上的编程值是相对于程序原点的；G91 是相对值编程，即每个编程坐标轴上的编程值是相对于前一位置而言的，该值等于沿轴移动的距离。这两个指令属于模态指令。有些代码属于模态代码（又称续效代码）。模态代码一经在一个程序段中指定，便保持有效到被以后的程序段中出现同组类的另一代码所替代。在某一程序段中，一经应用某一模态代码，如果其后续的程序段中还有相同功能的操作，且没有出现过同组类代码时，则在后续的程序段中可以不再指令和书写这一功能代码。而非模态代码只对当前程序段有效，如果下一程序段还需要使用此功能则还需要重新书写。具体如图 7-2 所示。

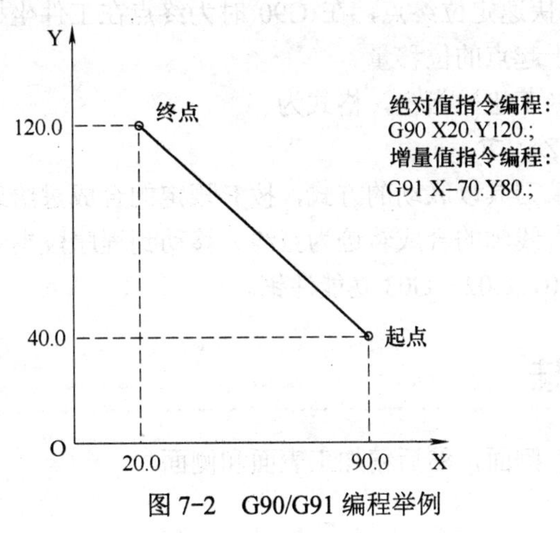

图 7-2　G90/G91 编程举例

2. 加工平面设置指令 G17、G18、G19

G17 选择 XY 平面，G18 选择 ZX 平面，G19 选择 YZ 平面。一般系统默认为 G17，这三个指令属于模态指令。

3. F、S、T 指令

1）F 指令为进给速度指令，是表示刀具向工件进给的相对速度，单位一般为 mm/min，当进给速度与主轴转速有关（如车螺纹）时，单位为 mm/r。进给速度一般有如下两种表示方法。

代码法：即 F 后跟的两位数字并不直接表示进给速度的大小，而是机床进给速度序列的代号，可以是算术级数，也可以是几何级数。

直接指定法：即 F 后跟的数字就是进给速度的大小。如 F100 表示进给速度是 100 mm/min。这种方法较为直观，目前大多数数控机床都采用此方法。

2）S 指令为主轴转速指令，用来指定主轴的转速，单位为 r/min。同样也可有代码法和直接指定法两种表示方法。S 指令主要跟随在 M03（主轴正转）、M04（主轴反转）后使用。

3）T 指令为刀具指令。在加工中心中，该指令用于自动换刀时选择所需的刀具。在车床中，常为 T 后跟 4 位数，前两位为刀具号，后两位为刀具补偿号。在铣镗床中，T 后常跟两位数，用于表示刀具号，刀补号则用 H 代码表示。

F、S、T 三个指令属于模态指令。

4. **进给控制指令代码** G00、G01

G00 快速进给指令，格式为

G00 X__ Y__ Z__；

式中，X、Y、Z 为快速定位终点，在 G90 时为终点在工件坐标系中的坐标，在 G91 时为终点相对于起点的位移量。

G01 直线插补（工进）指令，格式为

G01 X__ Y__ Z__ F__；

G01 指令是要求刀具以联动的方式，按 F 规定的合成进给速度，从当前位置按线性路线（联动直线轴的合成轨迹为直线）移动到程序段指令的终点。G01 是模态指令，可用 G00、G02、G03 功能注销。

7.1.3 加工方法

先粗加工表面、侧面，然后精加工表面和侧面。

7.1.4 加工路线

图 7-3、图 7-4 所示给出了平面加工路线和侧面加工路线。

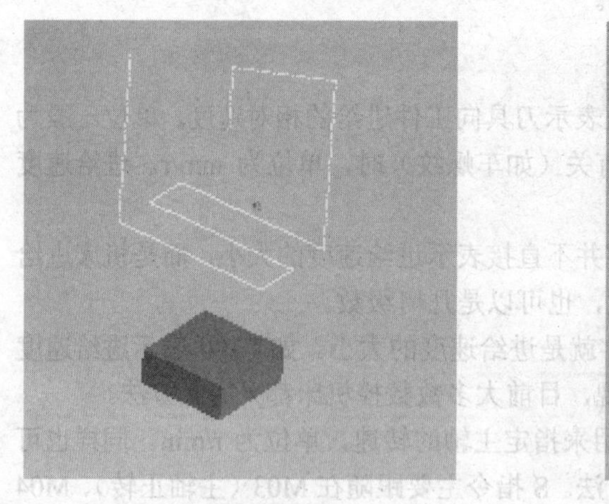

图 7-3 平面加工路线

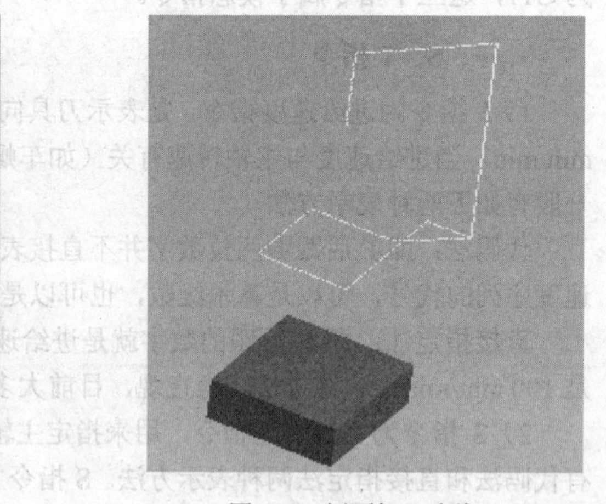

图 7-4 侧面加工路线

7.1.5　数控加工工序卡

数控加工工序卡见表 7-1。

表 7-1　数控加工工序卡

××× 机械厂	数控加工工序卡		产品名称	零件名称		零件图号	
			×××	大平面零件		××××	
工艺序号	程序编号	夹具名称	夹具编号	使用设备		车间	
×××	P××××	机用虎钳	×××	数控铣床		××××	
工步号	工步内容	加工面	刀位号	刀具规格	主轴转速/（r/min）	进给速度/（mm/min）	切削深度/mm
1	铣削上平面	×	T1	ϕ63mm	600	500	1
2	铣削 60mm×60mm 台阶	×	T2	ϕ20mm	800	200	10
编制	×	审核	×	批准	×	第　页	共　页

7.1.6　数控刀具明细表

数控刀具明细表见表 7-2。

表 7-2　数控刀具明细表

数控刀具明细表	零件名称	零件图号	材料		程序编号		车间	使用设备
	大平面零件	×××	45 钢		P××××		×××	数控铣床
刀具号	刀位号	刀具名称	刀具直径	半径补偿号	刀具长度	长度补偿号	换刀方式	加工部位
	T1	盘铣刀	63mm		＞20mm		手动	
	T2	立铣刀	20mm	1	＞30mm		手动	
编制		审核		批准			共　页	第　页

7.1.7　零件程序

1. 加工上表面

程序如下：

```
O1；刀具为φ63mm 面铣刀 加工深度为-1mm
G54 G90 G40 G17 G80；      加工准备
M03 S600；                 主轴正转
G00 X0 Y0 Z100；           安全高度
X90 Y50；                  下刀点
Z10；                      快速下刀
```

```
G01 Z-1 F500;              加工深度
X-90;
Y0;
X90;
Y-50;
X-90;
G00 Z100;                  抬刀距离
M05;                       主轴停止
M30;                       程序结束
```

2. 铣 60mm×60mm

程序如下：

O2；刀具为 20mm 立铣刀，加工深度为-5mm，分层铣削到-10mm

```
G54 G90 G40 G17 G80;       加工准备
M03 S600;                  主轴正转
G00 X0 Y0 Z100;            安全高度
X70 Y70;                   下刀点
Z10;                       快速下刀
G01 Z-5 F200;              加工深度
G41 X30 D01;               加工刀补
Y-30;
X-30;
Y30;
X60;
G40 X70 Y70;               取消刀补
G00 Z100;                  抬刀距离
M05;                       主轴停止
M30;                       程序结束
```

7.1.8 仿真加工

零件的仿真加工如图 7-5 所示。

图 7-5　零件的仿真加工

7.1.9　检测与分析

图 7-6 所示为加工零件的测量图形，选择 G54 坐标为坐标原点，这里给出了高度和一些主要尺寸数据的测量。

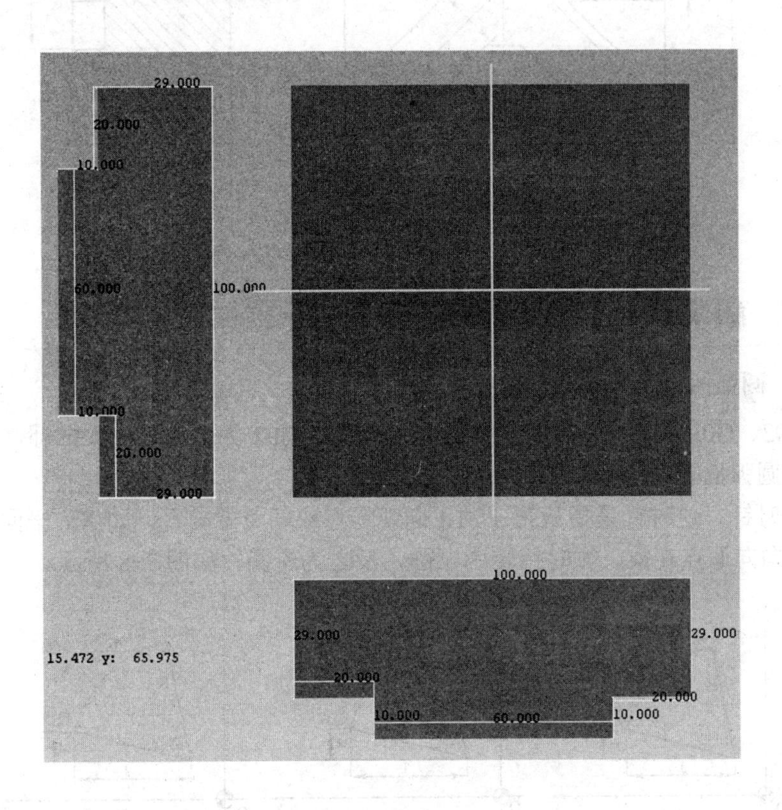

图 7-6　测量图形

7.2　零件轮廓的铣床仿真加工

7.2.1　零件图样及信息分析

如图 7-7 所示，零件由简单轮廓组成。这类零件主要是为了练习轮廓的编程、铣削圆弧类编程。

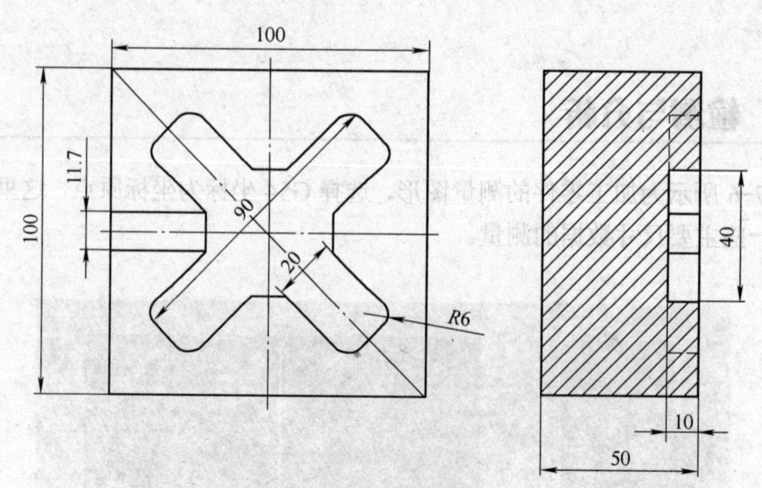

图 7-7　零件的轮廓编程

7.2.2　相关基础知识

1. **圆弧插补指令** G02、G03

G02、G03 按指定进给速度进行圆弧切削，G02 为顺时针圆弧插补，G03 为逆时针圆弧插补。

顺时针、逆时针是指从第三轴正向朝零点或朝负方向看，如 XY 平面内，从 Z 轴正向向原点观察，顺时针转为顺圆，反之为逆圆，如图 7-8 所示。

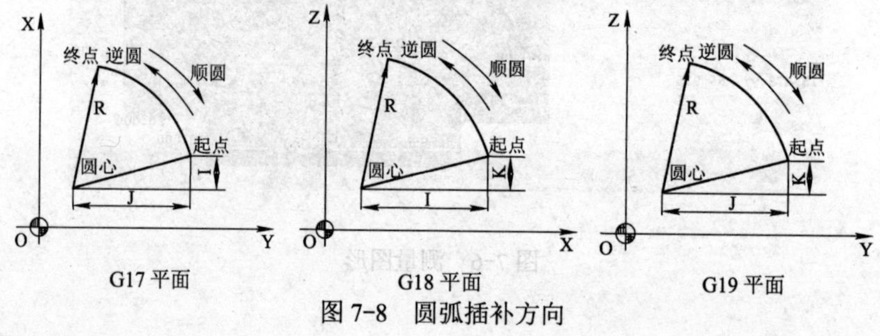

图 7-8　圆弧插补方向

指令格式：

$$G17\left\{\begin{matrix}G02\\G03\end{matrix}\right\}\quad X\_Y\_\quad\left\{\begin{matrix}R\_\\I\_J\_\end{matrix}\right.$$

$$G18\left\{\begin{matrix}G02\\G03\end{matrix}\right\}\quad X\_Z\_\quad\left\{\begin{matrix}R\_\\I\_K\_\end{matrix}\right.$$

$$G19\left\{\begin{matrix}G02\\G03\end{matrix}\right\}\quad Y\_Z\_\quad\left\{\begin{matrix}R\_\\J\_K\_\end{matrix}\right.$$

式中，X、Y、Z 为 X 轴、Y 轴、Z 轴的终点坐标；I、J、K 为圆心点相对于圆弧起点在 X、Y、Z 轴向的增量值；R 为圆弧半径。

终点坐标可以用绝对坐标或增量坐标表示，但是 I、J、K 的值总是以增量方式表示。表 7-3 所示为 G02、G03 指令解释。

表 7-3　G02、G03 指令解释

<table>
<tr><th>序　号</th><th colspan="2">数据内容</th><th>指　令</th><th>含　义</th></tr>
<tr><td rowspan="3">1</td><td colspan="2" rowspan="3">平面选择</td><td>G17</td><td>指定 XY 平面上的圆弧插补</td></tr>
<tr><td>G18</td><td>指定 XZ 平面上的圆弧插补</td></tr>
<tr><td>G19</td><td>指定 YZ 平面上的圆弧插补</td></tr>
<tr><td rowspan="2">2</td><td colspan="2" rowspan="2">圆弧方向</td><td>G02</td><td>顺时针方向的圆弧插补</td></tr>
<tr><td>G03</td><td>逆时针方向的圆弧插补</td></tr>
<tr><td rowspan="2">3</td><td rowspan="2">终点位置</td><td>G90 模态</td><td>X、Y、Z 中的两轴指令</td><td>当前工件坐标系中终点位置的坐标值</td></tr>
<tr><td>G91 模态</td><td>X、Y、Z 中的两轴指令</td><td>从起点到终点的距离（有方向的）</td></tr>
<tr><td rowspan="2">4</td><td colspan="2">起点到圆心的距离</td><td>I、J、K 中的两轴指令</td><td>从起点到圆心的距离（有方向的）</td></tr>
<tr><td colspan="2">圆弧半径</td><td>R</td><td>圆弧半径</td></tr>
<tr><td>5</td><td colspan="2">进给率</td><td>F</td><td>沿圆弧运动的速度</td></tr>
</table>

2. **刀具半径补偿指令** G40、G41、G42

指令格式：

$$G00/G01\begin{Bmatrix}G41\\G42\end{Bmatrix}X\_Y\_D\_$$

$$G01G40\ \ X\_Y\_$$

式中，G40 为刀具半径补偿取消指令；G41 为左偏半径补偿，顺时针加工外轮廓时沿着刀具前进方向，向左侧偏移一个刀具半径，如图 7-9a 所示；G42 为右偏半径补偿，逆时针加工外轮廓时沿着刀具前进方向，向右侧偏移一个刀具半径，如图 7-9b 所示；X、Y 为建立刀具半径补偿直线段的终点坐标值；D 为数控系统存放刀具半径值的内存地址，后有两位数字，如 D01 代表了存储在刀具半径补偿内存表第 1 号中的刀具的半径值，刀具的半径值需预先用 MDI 手工输入。

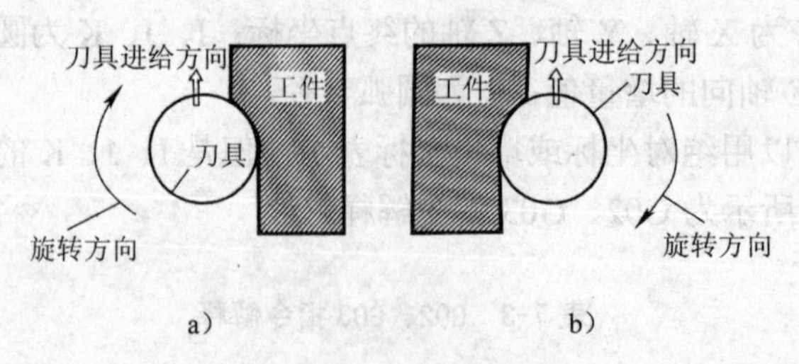

图 7-9 刀具半径补偿

a）刀具左偏半径补偿 b）刀具右偏半径补偿

注：刀具半径补偿平面的切换，必须在补偿指令取消后进行选用刀具补偿。刀具半径补偿的建立和取消只能用 G00 或 G01 指令来完成，不能是 G02 或 G03。

7.2.3 加工方法

加工方法采用环切法，由外到里逐步加工，直到保证图示尺寸，由于加工深度为 10mm，需要分层加工。

7.2.4 加工路线

图 7-10 所示为铣削轮廓零件的加工路线。

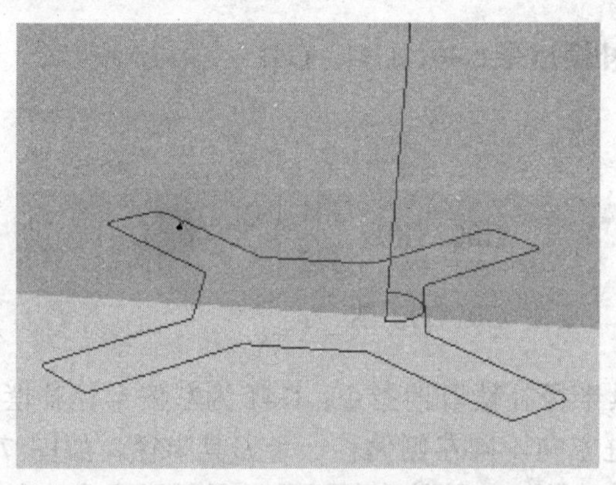

图 7-10 铣削轮廓零件的加工路线

7.2.5 数控加工工序卡

数控加工工序卡见表 7-4。

表 7-4　数控加工工序卡

××× 机械厂	数控加工工序卡		产品名称	零件名称		零件图号	
			×××			××××	
工艺序号	程序编号	夹具名称	夹具编号	使用设备		车间	
×××	P××××	机用虎钳	×××	数控铣床		××××	
工步号	工步内容	加工面	刀位号	刀具规格	主轴转速/（r/min）	进给速度/（mm/min）	切削深度/mm
1	铣削内轮廓	×	T1	φ10mm	1500	400	5
编制	×	审核	×	批准	×	第　页	共　页

7.2.6　数控刀具明细表

数控刀具明细表见表 7-5。

表 7-5　数控刀具明细表

数控刀具明细表	零件名称	零件图号	材料		程序编号		车间	使用设备
		×××	45 钢		P××××		×××	数控铣床
刀具号	刀位号	刀具名称	刀具直径	半径补偿号	刀具长度	长度补偿号	换刀方式	加工部位
	T1	键槽铣刀	φ10mm	1	＞30mm			型腔
编制		审核		批准			共　页	第　页

7.2.7　零件程序

```
O1;                                   程序名
G90 G54 G00 X10. Y0 M03 S1500;        加工准备
Z10.;                                 刀具快速接近工件上表面
G01 Z-5. F400;                        刀具下刀（两次下刀，分别为-5mm、-10mm）
G41 D01 Y-10.;                        调用 1 号刀具补偿
G03 X20. Y0 R10.;                     圆弧切入
G01 Y5.85;                            顺时针铣削型腔
X34.6 Y20.5;
G03 X34.6 Y29. R6.;
G01 X29. Y34.6;
G03 X20.5 Y34.6 R6.;
G01 X5.85 Y20.;
X-5.85;
X-20.5 Y34.6;
G03 X-29. Y34.6 R6.;
G01 X-34.6 Y29.;
```

```
G03 X-34.6 Y20.5 R6.;
G01 X-20.Y5.85;
Y-5.85;
X-34.6 Y-20.5;
G03 X-34.6 Y-29. R6.;
G01 X-29. Y-34.6;
G03 X-20.5 Y-34.6 R6.;
G01 X-5.85 Y-20.;
X5.85;
X20.5 Y-34.6;
G03 X29. Y-34.6 R6.;
G01 X34.6 Y-29.;
G03 X34.6 Y-20.5 R6.;
G01 X20. Y-5.85;
Y0;
G03 X10. Y10. R10.;          圆弧切出
G01 G40 Y0;                  在移动中取消刀补
G01 Z10.;
G00 Z100.;                   刀具快速提起
M30;                         程序结束
```

7.2.8 仿真加工

图 7-11 所示为零件的仿真加工。

图 7-11 零件的仿真加工

7.2.9 检测与分析

加工零件测量图形如图 7-12 所示，这里测量一些主要的加工参数。

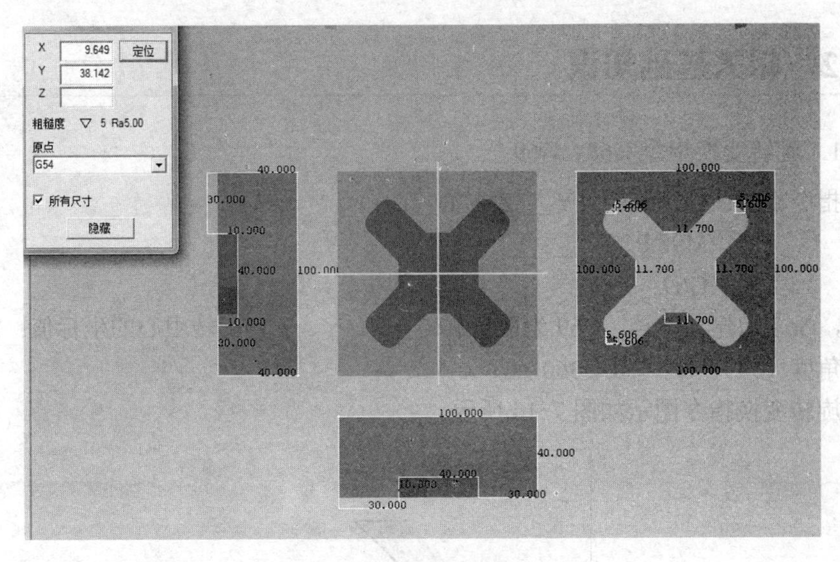

图 7-12　测量图形

7.3　应用子程序旋转的零件数控铣床仿真加工

7.3.1　零件图样及信息分析

图 7-13 所示为旋转零件。该零件为旋转加工 4 个凸台零件，分别以 90° 递增旋转。这里主要练习旋转编程指令 G68、G69 的运用。

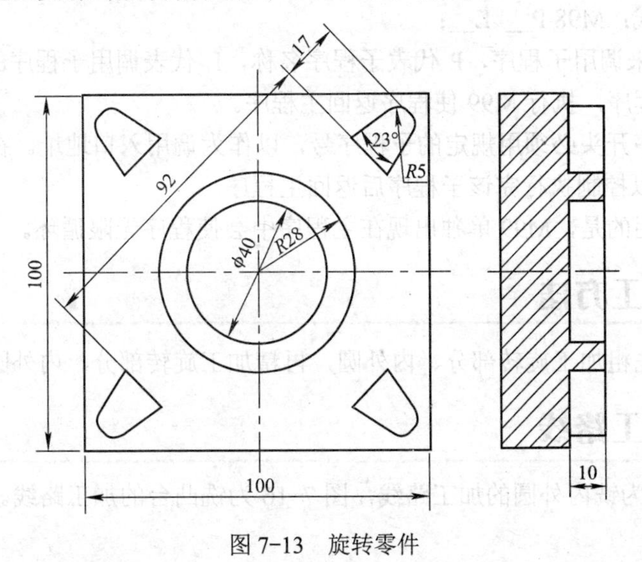

图 7-13　旋转零件

7.3.2 相关基础知识

1. **旋转变换指令** G68、G69

指令格式：G68　X__ Y__ Z__ R__；

M98 P__ L__；

G69；

式中，G68 为建立旋转；G69 为取消旋转；X、Y、Z 为旋转中心的坐标值；R 为旋转角度（°），0° ≤R≤360° 。

旋转变换指令图示如图 7-14 所示。

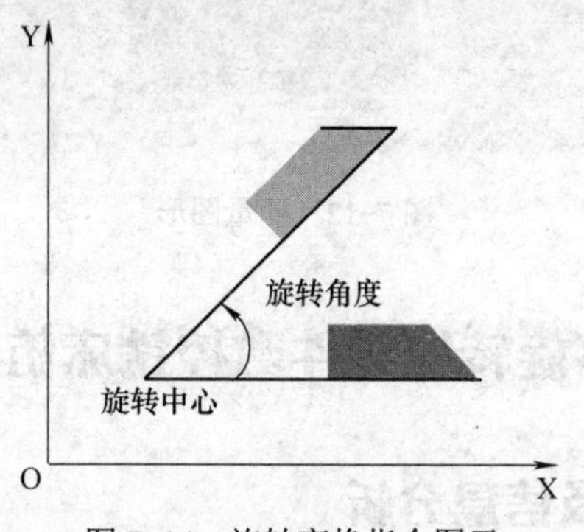

图 7-14　旋转变换指令图示

2. **子程序调用及返回代码** M98、M99

指令格式：M98 P__ L__；

M98 用来调用子程序，P 代表子程序名称，L 代表调用子程序的次数；M99 用来结束子程序，执行 M99 使程序返回主程序。

在子程序开头必须用规定的子程序号，以作为调用入口地址。在子程序的结尾用 M99，以控制执行完该子程序后返回主程序。

需要说明的是，M99 单独出现在主程序中会使程序无限循环。

7.3.3 加工方法

本零件先粗加工旋转部分、内外圆，再精加工旋转部分、内外圆。

7.3.4 加工路线

图 7-15 为铣内外圆的加工路线，图 7-16 为铣凸台的加工路线。

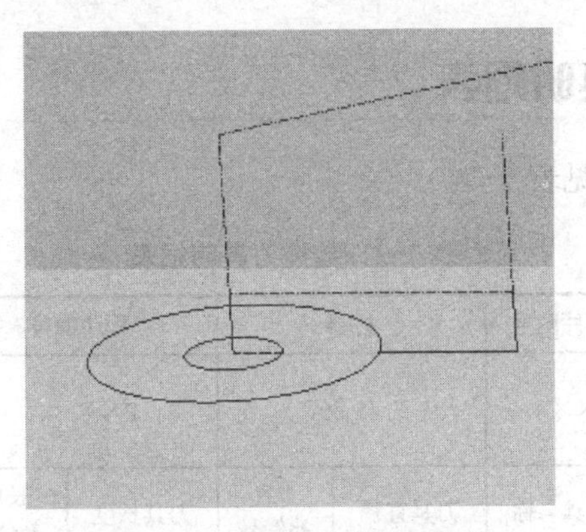

图 7-15　铣内外圆的加工路线

图 7-16　铣凸台的加工路线

7.3.5　数控加工工序卡

数控加工工序卡见表 7-6。

表 7-6　数控加工工序卡

<table>
<tr><td rowspan="2">×××
机械厂</td><td colspan="2" rowspan="2">数控加工工序卡</td><td>产品名称</td><td colspan="2">零件名称</td><td colspan="2">零件图号</td></tr>
<tr><td>×××</td><td colspan="2">大平面零件</td><td colspan="2">××××</td></tr>
<tr><td>工艺序号</td><td>程序编号</td><td>夹具名称</td><td>夹具编号</td><td colspan="2">使用设备</td><td colspan="2">车间</td></tr>
<tr><td>×××</td><td>P××××</td><td>机用虎钳</td><td>×××</td><td colspan="2">数控铣床</td><td colspan="2">××××</td></tr>
<tr><td>工步号</td><td>工步内容</td><td>加工面</td><td>刀位号</td><td>刀具规格</td><td>主轴转速
/（r/min）</td><td>进给速度
/（mm/min）</td><td>切削深度
/mm</td></tr>
<tr><td>1</td><td>铣削中间轮廓</td><td>×</td><td>T1</td><td>ϕ16mm</td><td>800</td><td>300</td><td>10</td></tr>
<tr><td>2</td><td>铣削凸起图形</td><td>×</td><td>T2</td><td>ϕ10mm</td><td>1200</td><td>200</td><td>10</td></tr>
<tr><td>编制</td><td>×</td><td>审核</td><td>×</td><td>批准</td><td>×</td><td>第　页</td><td>共　页</td></tr>
</table>

7.3.6 数控刀具明细表

数控刀具明细表见表 7-7。

表 7-7 数控刀具明细表

<table>
<tr><td rowspan="2">数控刀具明细表</td><td>零件名称</td><td>零件图号</td><td colspan="2">材料</td><td colspan="2">程序编号</td><td>车间</td><td>使用设备</td></tr>
<tr><td>大平面零件</td><td>×××</td><td colspan="2">45 钢</td><td colspan="2">P××××</td><td>×××</td><td>数控铣床</td></tr>
<tr><td>刀具号</td><td>刀位号</td><td>刀具名称</td><td>刀具直径</td><td>半径补偿号</td><td>刀具长度</td><td>长度补偿号</td><td>换刀方式</td><td>加工部位</td></tr>
<tr><td></td><td>T1</td><td>立铣刀</td><td>ϕ16mm</td><td></td><td>>20mm</td><td></td><td>手动</td><td></td></tr>
<tr><td></td><td>T2</td><td>立铣刀</td><td>ϕ10mm</td><td>1</td><td>>30mm</td><td></td><td>手动</td><td></td></tr>
<tr><td>编制</td><td></td><td>审核</td><td></td><td>批准</td><td colspan="2"></td><td>共 页</td><td>第 页</td></tr>
</table>

7.3.7 零件程序

1. 铣中间圆弧

O1；刀具为 16mm 立铣刀，加工深度为-5mm，分层铣削

```
G54 G90 G40 G17 G80;    加工准备
M03 S800;               主轴开转
G00 X0 Y0 Z100;         安全高度
Z10;                    快速下刀
G01 Z-5 F300;           加工深度
G41 X20 D01;            刀具补偿
G03 I-20;
G01 G40 X0;             取消补偿
G00 Z10;
X70;
G01 Z-5 F200;
G42 X28 D01;            刀具补偿
G03 I-28;
G01 G40 X70;            取消补偿
G00 Z100;               抬刀距离
M05;                    主轴停转
M30;                    程序结束
```

2．铣 4 个凸台

O2；刀具为 10mm 立铣刀，加工深度为–5mm，分层铣削

```
G54 G90 G40 G17 G80；    加工准备
M03 S1200；              主轴开转
G00 X0 Y0 Z50；          安全高度
G68 X0 Y0 R45；          程序旋转
M98 P3；                 调用子程序
G69；                    取消旋转
G68 X0 Y0 R135；         程序旋转
M98 P3；                 调用子程序
G69；                    取消旋转
G68 X0 Y0 R225；         程序旋转
M98 P3；                 调用子程序
G69；                    取消旋转
G68 X0 Y0 R315；         程序旋转
M98 P3；                 调用子程序
G69；                    取消旋转
G00 Z50；                抬刀高度
M05；                    主轴停止
M30；                    程序结束
```

3．子程序

O3；刀具为 10mm 立铣刀，加工深度为–5mm，分层铣削

```
G00 X35 Y0
Z10
G01 Z-5 F200
G41 X46 D01
Y7.5
X59.3 Y4.65
G02 Y-4.65 R5
G01 X46 Y-7.5
Y0
G40 X35
G00 Z10
M99
```

7.3.8　仿真加工

图 7-17 所示为零件的仿真加工。

图 7-17　零件的仿真加工

7.3.9　检测与分析

图 7-18 所示为零件的检测与分析结果。

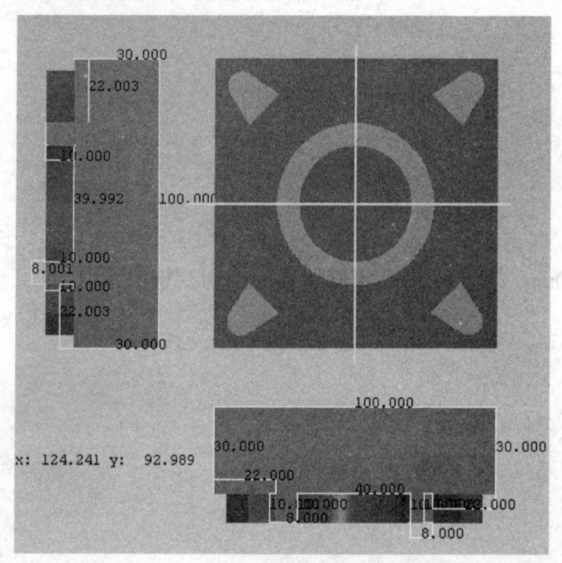

图 7-18　零件的检测与分析结果

7.4　应用子程序镜像的零件数控铣床仿真加工

7.4.1　零件图样及信息分析

图 7-19 所示为镜像加工零件，需要加工的是四个凸台。这里要说明的是，如果所镜像的图形是对称的，那么也可以用旋转指令来加工，否则必须用镜像指令加工。

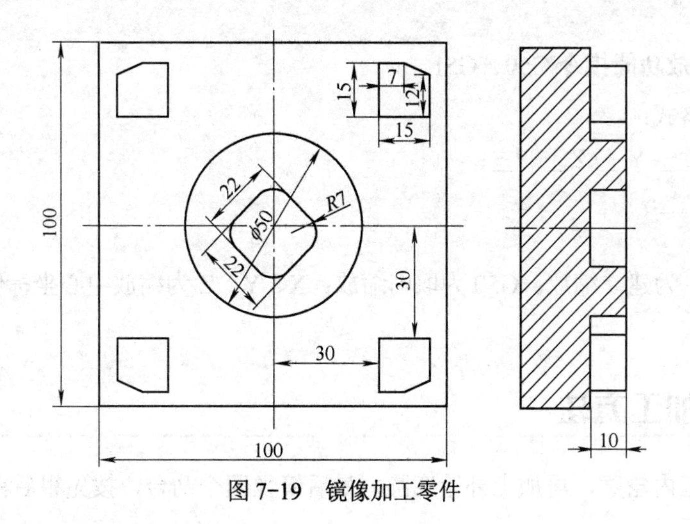

图 7-19　镜像加工零件

7.4.2　相关基础知识

1. 镜像功能指令 G50.1、G51.1

指令格式：

G51.1 X__ Y__;

M98 P__ L__;

G50.1X__ Y__;

式中，G51.1 为建立镜像；G50.1 为取消镜像；X、Y、Z 为镜像轴，如 X0 表示的是以 Y 轴为镜像轴。

在镜像功能中，不同的镜像条件，机床相应地给出不同的刀具补偿和圆弧指令。这样的改变和子程序编程给出的刀具补偿和圆弧指令无关，只和镜像的条件相关，如图 7-20 所示。

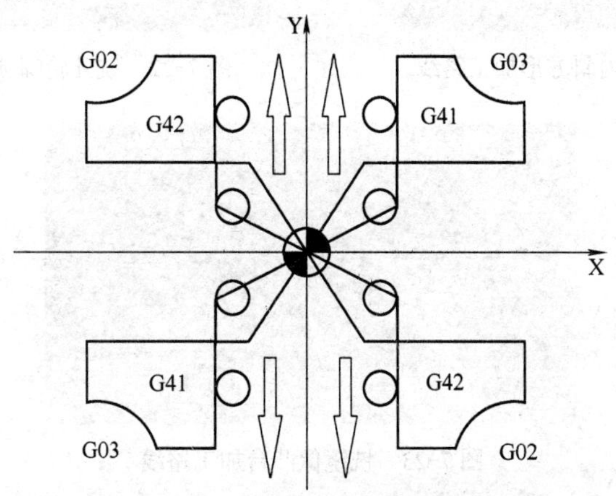

图 7-20　镜像过程中刀具补偿和圆弧指令

2. **缩放功能指令** G50、G51

指令格式：

G51 X__ Y__ Z__ P__；

M98 P__；

G50；

式中，G51 为建立缩放；G50 为取消缩放；X、Y、Z 为缩放中心坐标值；P 为缩放倍数。

7.4.3　加工方法

先加工内轮廓，再加工外轮廓圆，最后镜像四个凸台，按先粗后精的加工顺序进行加工。

7.4.4　加工路线

图 7-21 所示为铣内斜方形加工路线，图 7-22 为铣外轮廓圆加工路线，图 7-23 为铣镜像凸台加工路线。

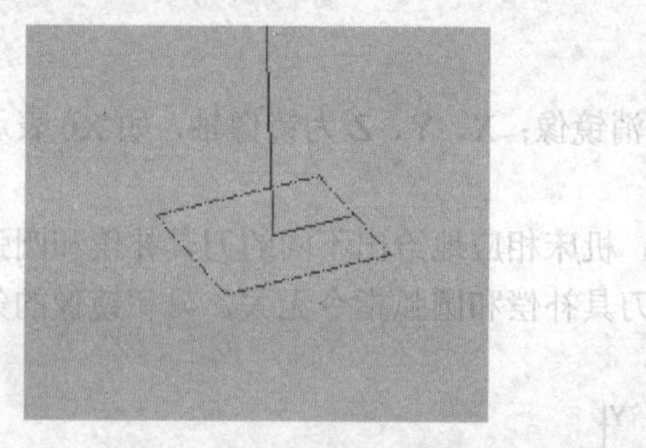

图 7-21　铣内斜方形加工路线

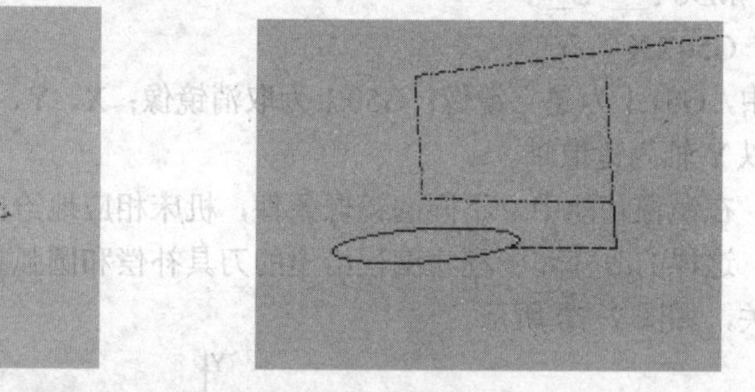

图 7-22　铣外轮廓圆加工路线

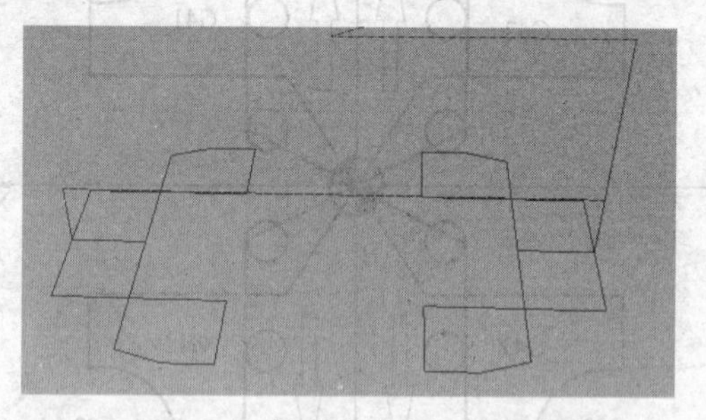

图 7-23　铣镜像凸台加工路线

7.4.5　数控加工工序卡

数控加工工序卡见表 7-8。

表 7-8　数控加工工序卡

×××机械厂	数控加工工序卡		产品名称	零件名称		零件图号	
			×××	大平面零件		××××	
工艺序号	程序编号	夹具名称	夹具编号	使用设备		车间	
×××	P××××	机用虎钳	×××	数控铣床		××××	
工步号	工步内容	加工面	刀位号	刀具规格	主轴转速/（r/min）	进给速度/（mm/min）	切削深度/mm
1	铣削内轮廓	×	T1	ϕ16mm	800	300	10
2	铣削外轮廓图	×	T2	ϕ12mm	1000	200	10
3	铣削凸台		T3	ϕ12mm	1000	200	10
编制	×	审核	×	批准	×	第　页	共　页

7.4.6　数控刀具明细表

数控刀具明细表见表 7-9。

表 7-9　数控刀具明细表

数控刀具明细表	零件名称	零件图号	材料		程序编号		车间	使用设备
	大平面零件	×××	45 钢		P××××		×××	数控铣床
刀具号	刀位号	刀具名称	刀具直径	半径补偿号	刀具长度	长度补偿号	换刀方式	加工部位
	T1	立铣刀	ϕ16mm	1	＞20mm		手动	
	T2	立铣刀	ϕ12mm	2	＞30mm		手动	
	T3	立铣刀	ϕ12mm	3	＞30mm		手动	
编制		审核		批准			共　页	第　页

7.4.7　零件程序

1. 铣外圆轮廓

O1；刀具为ϕ16mm 立铣刀，加工深度为–5mm，分层铣削

G54 G90 G40 G17 G80；

M03 S800；

```
G00 X0 Y0 Z50;
Z10;
X70;
G01 Z-5 F300;
G42 X25 D01;
G03 I-25;
G01 G40 X70;
G00 Z50;
M05;
M30;
```

2. 铣内斜方形

O2；刀具为ϕ12mm 立铣刀，加工深度为–5mm，分层铣削

```
G54 G90 G40 G17 G80;
M03 S1000;
G00 X0 Y0 Z50;
Z10;
G01 Z-5 F200;
G68 X0 Y0 R45;
G41 X11 D02;
Y11 R7;
X-11 R7;
Y-11 R7;
X11 R7;
Y0;
G40 X0;
G69;
G00 Z50;
M05;
M30;
```

3. 铣四个凸起

O3；刀具为ϕ12mm 立铣刀，加工深度为–5mm，分层铣削

```
G54 G90 G40 G17 G80;
M03 S1200;
G00 X0 Y0 Z50;
M98 P4;
G51.1 X0;
M98 P4;
G50.1 X0;
G51.1 X0 Y0;
M98 P4;
G50.1 X0 Y0;
G51.1 Y0;
M98 P4;
```

```
G50.1 Y0;
G00 Z50;
M05;
M30;
```

4. **子程序**

```
O4;刀具为φ12mm 立铣刀，加工深度为-5mm，分层铣削
G00 X70 Y0;
Z10;
G01 Z-5 F200;
G41 Y30 D01;
X30;
Y45;
X37;
X37 Y42;
Y0;
G01 G40 X70 Y0;
G00 Z10;
M99;
```

7.4.8　仿真加工

图 7-24 所示为零件的仿真加工。

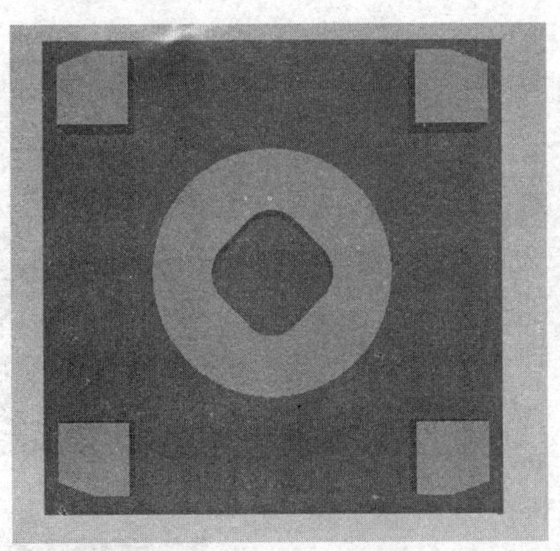

图 7-24　零件的仿真加工

7.4.9　检测与分析

图 7-25 为中心测量的主要尺寸和高度，图 7-26 为偏置测量的全部尺寸。

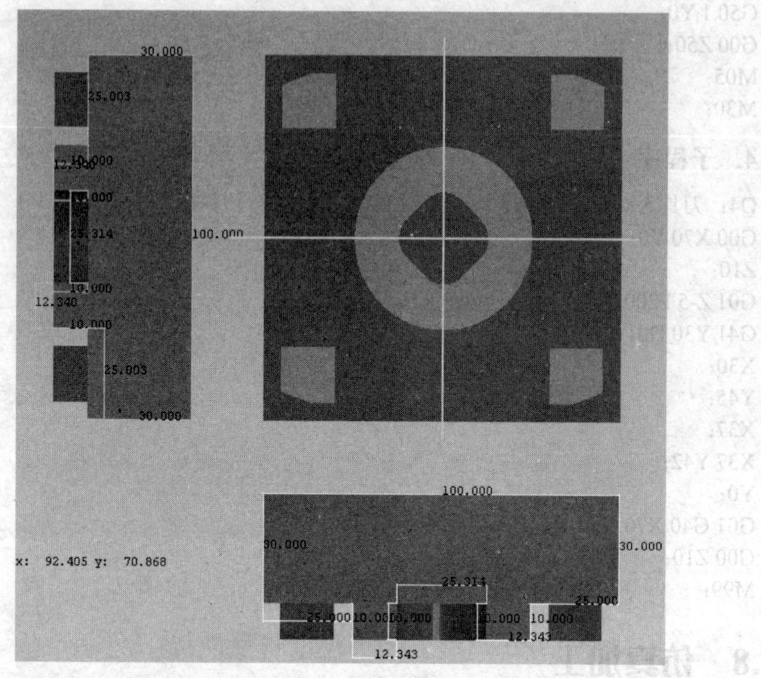

图 7-25 中心测量

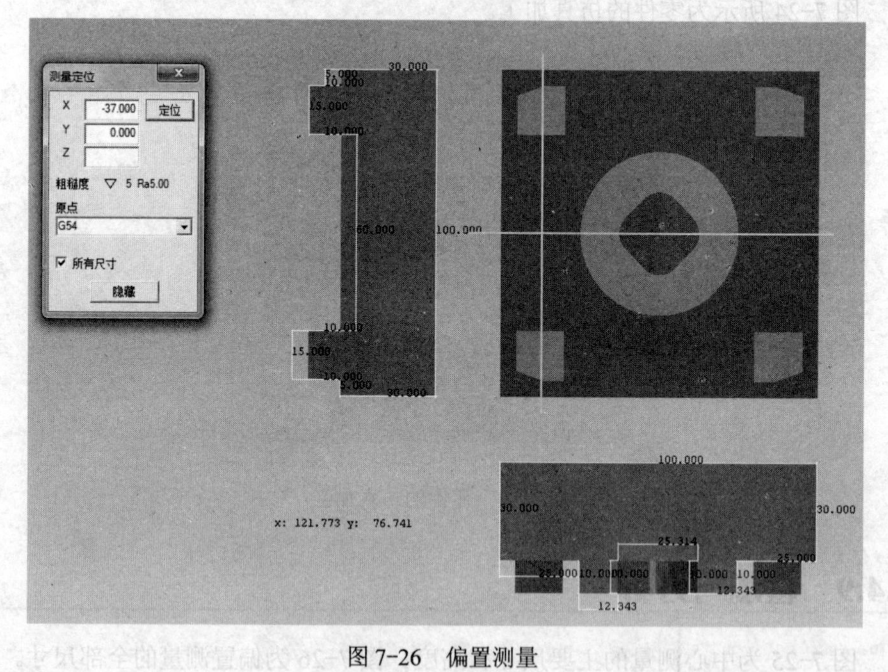

图 7-26 偏置测量

7.5 应用钻孔类循环功能的零件数控铣床仿真加工

7.5.1 零件图样及信息分析

图 7-27 所示为钻孔类零件，这里给出的是均布孔。本例主要练习孔系加工步骤和阶梯内轮廓的加工。

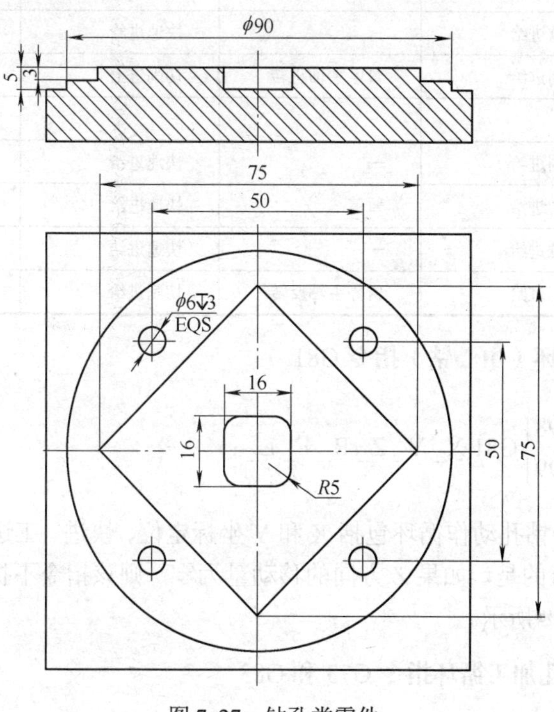

图 7-27　钻孔类零件

7.5.2 相关基础知识

固定循环的程序格式如下：

$$\left\{\begin{matrix}G98\\G99\end{matrix}\right\}G\_X\_Y\_Z\_R\_Q\_P\_I\_J\_K\_F\_L\_$$

式中，G98 为返回初始平面；G99 为返回 R 点平面；G 为固定循环代码 G73、G74、G76 和 G81～G89 之一；X、Y 为加工起点到孔位的距离（G91）或孔位坐标（G90）；R 为初始点到 R 点的距离（G91，此时 R 为负值）或 R 点的坐标（G90）；Z 为 R

点到孔底的距离（G91，此时 Z 为负值）或孔底坐标（G90）；Q 为每次进给深度（G73/G83）；I、J 为刀具在轴反向的位移增量（G76/G87）；P 为刀具在孔底的暂停时间；K 为每次退刀距离；F 为切削进给速度；L 为固定循环的次数，默认为 1。

循环指令的动作控制以及功能见表 7-10。

表 7-10 循环指令的动作控制以及功能

G 代 码	Z 向 进 给	孔 底 控 制	Z 向退刀动作	功 能
G73	间歇进给	—	快速进给	高速啄钻孔
G74	切削进给	暂停主轴正转	切削进给	反攻丝
G80	—	—	—	取消循环
G81	切削进给	—	快速进给	点钻孔
G82	切削进给	暂停	快速进给	钻镗阶梯孔
G83	间歇进给	—	快速进给	啄钻孔
G84	切削进给	暂停主轴反转	切削进给	攻丝

1. **钻孔循环（中心钻）指令** G81

格式：$\begin{Bmatrix} G98 \\ G99 \end{Bmatrix}$G81 X_ Y_ Z_ R_ F_ L_ ;

说明：G81 钻孔动作循环包括 X 和 Y 坐标定位、快进、工进以及快速返回等动作。需要注意的是，如果 Z 方向的移动量为零，则该指令不执行。G81 指令动作循环如图 7-28 所示。

2. **高速深孔加工循环指令** G73 **和** G83

格式：$\begin{Bmatrix} G98 \\ G99 \end{Bmatrix}$G73/G83 X_ Y_ Z_ R_ Q_ P_ D_ F_ L_;

式中，X、Y 为待加工孔的位置；Z 为孔底坐标值（若是通孔，则钻尖应超出工件底面）；R 为参考点的坐标值（R 点高出工件顶面 2～5mm）；Q 为每一次的加工深度；P 为刀具在孔底停留的时间；F 为进给速度（mm / min）；G98 为钻孔完毕返回初始平面；G99 为钻孔完成后返回参考平面（即 R 点所在平面）；D 为每次的退刀距离。

G73 用于 Z 轴的间歇进给，使较深孔加工时容易断屑，减少退刀量，可以进行高效率的加工。G73 指令动作循环如图 7-29 所示。当 Z、Q、D 的移动量为零时，该指令不执行。

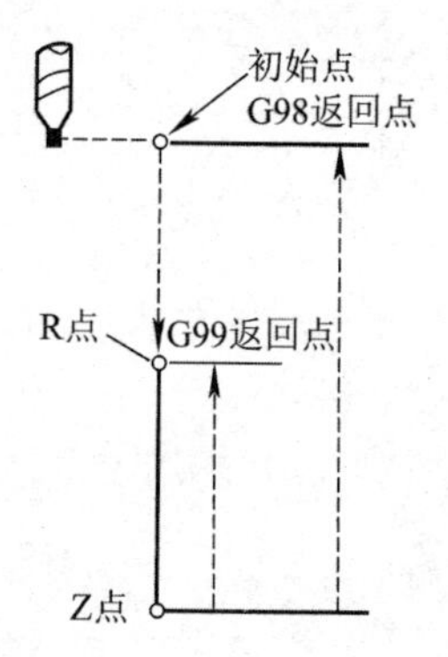

图 7-28　G81 指令动作循环

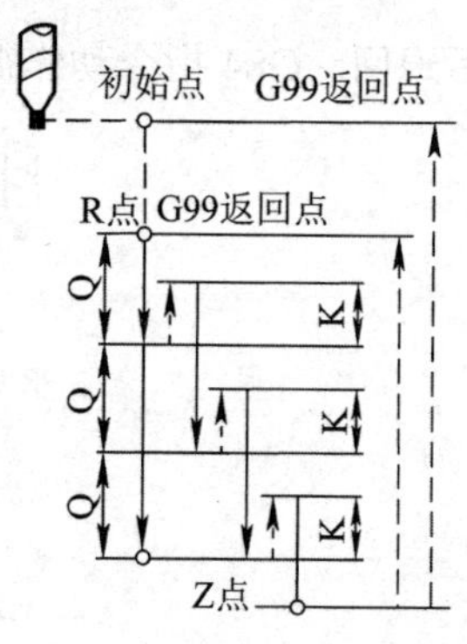

图 7-29　G73 指令动作循环

注意：G73 和 G83 的区别，具体如图 7-30、图 7-31 所示。

从图 7-30 和图 7-31 可以看出，执行 G73 指令时，每次进给后令刀具退回一个 d 值（用参数设定）；而 G83 指令则每次进给后均退回至 R 点，即从孔内完全退出，然后再钻入孔中。G83 中的 d 是指刀具在加工工件上方 d 的位置开始以进给速度加工。深孔加工与退刀相结合可以破碎钻屑，令其小得足以从钻槽顺利排出，不会造成表面的损伤，可避免钻头的过早磨损。

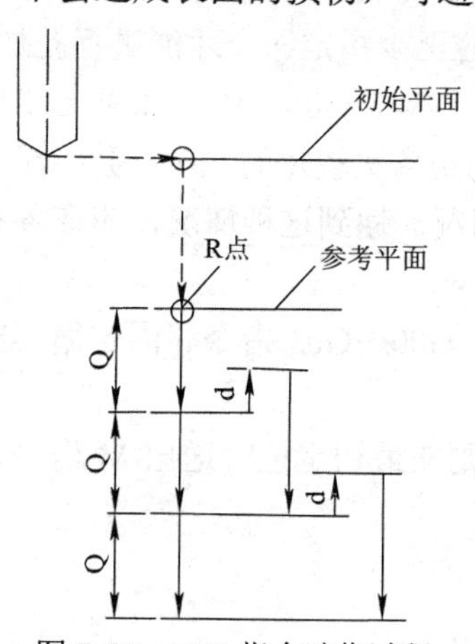

图 7-30　G73 指令动作过程

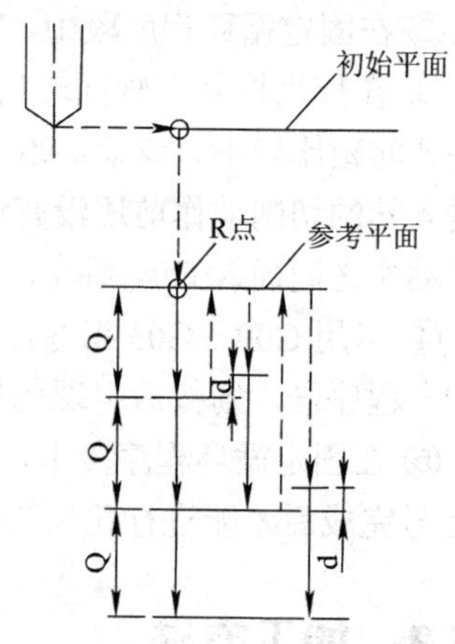

图 7-31　G83 指令动作过程

G73 指令虽然能保证断屑，但排屑主要是依靠钻屑在钻头螺旋槽中的流动来保证的。因此深孔加工，特别是长径比较大的深孔，为保证顺利打断并排出切屑，应优先采用 G83 指令。

3. 攻螺纹循环指令 G84

格式：$\left\{\begin{matrix} G98 \\ G99 \end{matrix}\right\}$G84 X_ Y_ Z_ R_ P_ F_ L_ ；

说明：利用 G84 攻螺纹时，从 R 点到 Z 点主轴正转，在孔底暂停后，主轴反转，然后退回。G84 指令动作循环如图 7-32 所示。

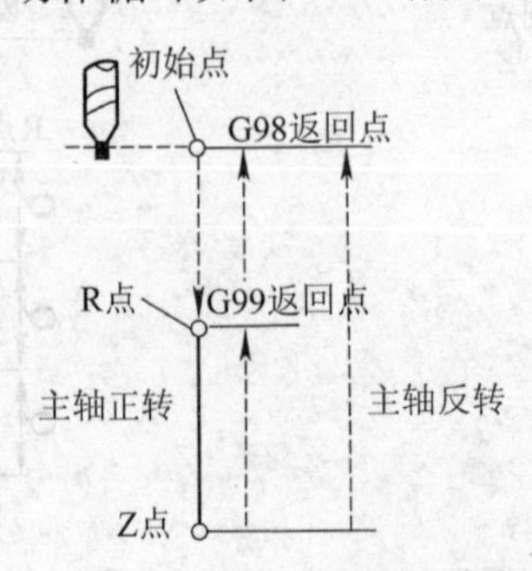

图 7-32　G84 指令动作循环

注意：

① 攻螺纹时，速度倍率、进给保持均不起作用。

② R 应选在距工件表面 7mm 以上的地方。

③ 如果 Z 方向的移动量为零，该指令不执行。

使用固定循环时应注意以下几点：

① 在固定循环指令前，应使用 M03 或 M04 指令使主轴回转。

② 在固定循环程序段中，X、Y、Z、R 数据应至少指定一个才能进行孔加工。

③ 在使用控制主轴回转的固定循环（G74、G84、G86）中，如果连续加工一些孔间距比较小，或者初始平面到 R 点平面的距离比较短的孔时，会出现主轴在进入孔的切削动作前还没有达到正常转速的情况。遇到这种情况，应在各孔的加工动作之间插入 G04 指令，以获得时间。

④ 当用 G00～G03 指令注销固定循环时，若 G00～G03 指令和固定循环出现在同一程序段，则按后出现的指令运行。

⑤ 在固定循环程序段中，如果指定了 M，则在最初定位时送出 M 信号，等 M 信号完成后才能进行孔加工循环。

7.5.3　加工方法

先粗加工外轮廓并去除外部余料，再粗加工内轮廓以及去除内部余料，然后用中心钻定位孔的位置并扩孔，最后按照内、外轮廓和孔的顺序进行精加工。

7.5.4　加工路线

外轮廓加工路线如图 7-33 所示，内轮廓加工路线如图 7-34 所示，钻孔加工路线如图 7-35 所示。

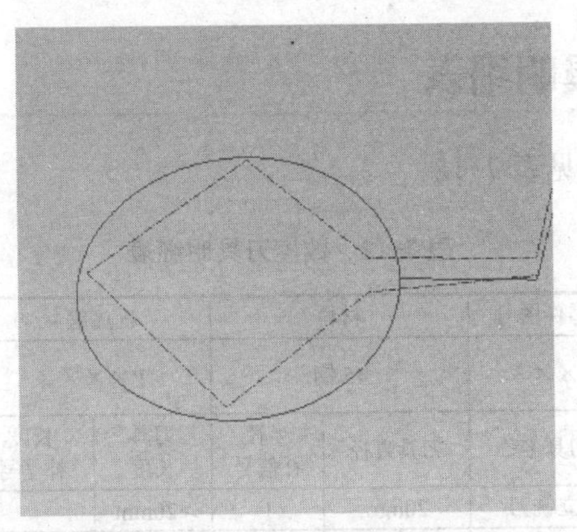

图 7-33 外轮廓加工路线

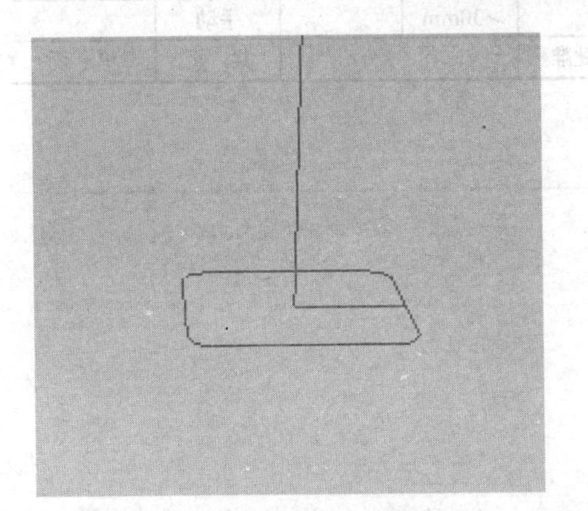

图 7-34 内轮廓加工路线

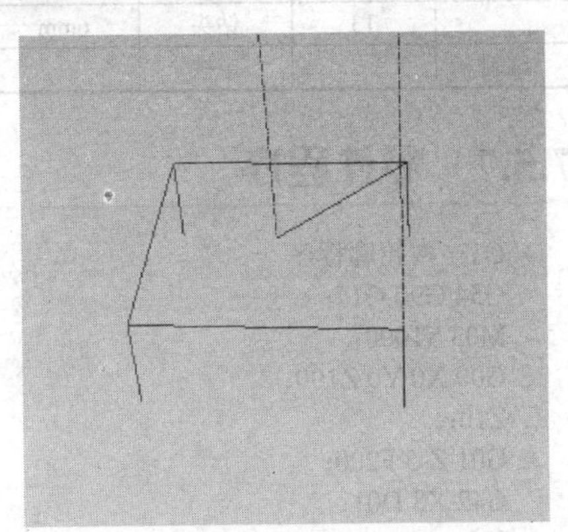

图 7-35 钻孔加工路线

7.5.5 数控加工工序卡

数控加工工序卡见表 7-11。

表 7-11 数控加工工序卡

××× 机械厂	数控加工工序卡		产品名称	零件名称		零件图号	
			×××	大平面零件		××××	
工艺序号	程序编号	夹具名称	夹具编号	使用设备		车间	
×××	P××××	机用虎钳	×××	数控铣床		××××	
工步号	工步内容	加工面	刀位号	刀具规格	主轴转速 /（r/min）	进给速度 /（mm/min）	切削深度 /mm
1	铣削圆、四方形	×	T1	ϕ20mm	600	500	5
2	铣削内轮廓	×	T2	ϕ8mm	1500	200	5
3	钻孔		T3	ϕ6mm	800	100	3
编制	×	审核	×	批准	×	第 页	共 页

7.5.6 数控刀具明细表

数控刀具明细表见表 7-12。

表 7-12 数控刀具明细表

数控刀具明细表	零件名称	零件图号	材料		程序编号		车间	使用设备
	大平面零件	×××	45 钢		P××××		×××	数控铣床
刀具号	刀位号	刀具名称	刀具直径	半径补偿号	刀具长度	长度补偿号	换刀方式	加工部位
	T1	立铣刀	20mm	1	>20mm		手动	
	T2	立铣刀	8mm	2	>30mm		手动	
	T3	钻头	6mm		>30mm		手动	
编制		审核		批准			共 页	第 页

7.5.7 零件程序

```
O1；内轮廓程序
G54 G90 G17；
M03 S1000；
G00 X0 Y0 Z100；
Z10；
G01 Z-5 F200；
G42 X8 D01；
Y-3；
G02 X3 Y-8 R5；
G01 X-3；
G02 X-8 Y-3 R5；
G01 Y3；
G02 X-3 Y8 R5；
G01 X3；
G02 X8 Y3 R5；
G01 Y0；
G40 X0；
G00 Z100；
M05；
M30；

O2；外轮廓程序
G54 G90 G17；
M03 S1000；
G00 X0 Y0 Z100；
X80；
Z10；
```

```
G01 Z-5 F200；
G41 X45 D02；
G02 I-45；
G01 G40 X80；
G00 Z-3；
G41 X37.5 D0；
X0 Y-37.5；
X-37.5 Y0；
X0 Y37.5；
X37.5 Y0；
G40 X80；
G00 Z100；
M05；
M30；

O3；钻孔程序
G54 G90 G17；
M03 S800；
G00 X0 Y0 Z100；
Z10；
G98 G83 X25 Y25 Z-6 R5 Q1 F100；
X-25；
Y-25；
X25；
G80 G00 Z100；
M05；
M30；
```

7.5.8　仿真加工

图 7-36 所示为零件的仿真加工。

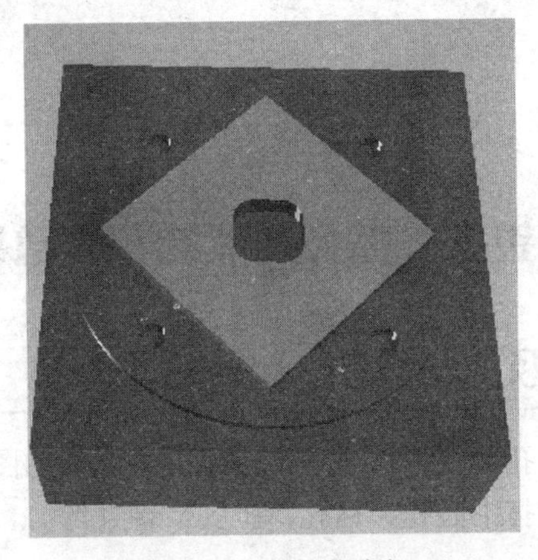

图 7-36　零件的仿真加工

7.5.9　检测与分析

图 7-37 所示为加工零件的测量图形，选择 G54 坐标为坐标原点，这里给出了高度和一些主要尺寸数据的测量。

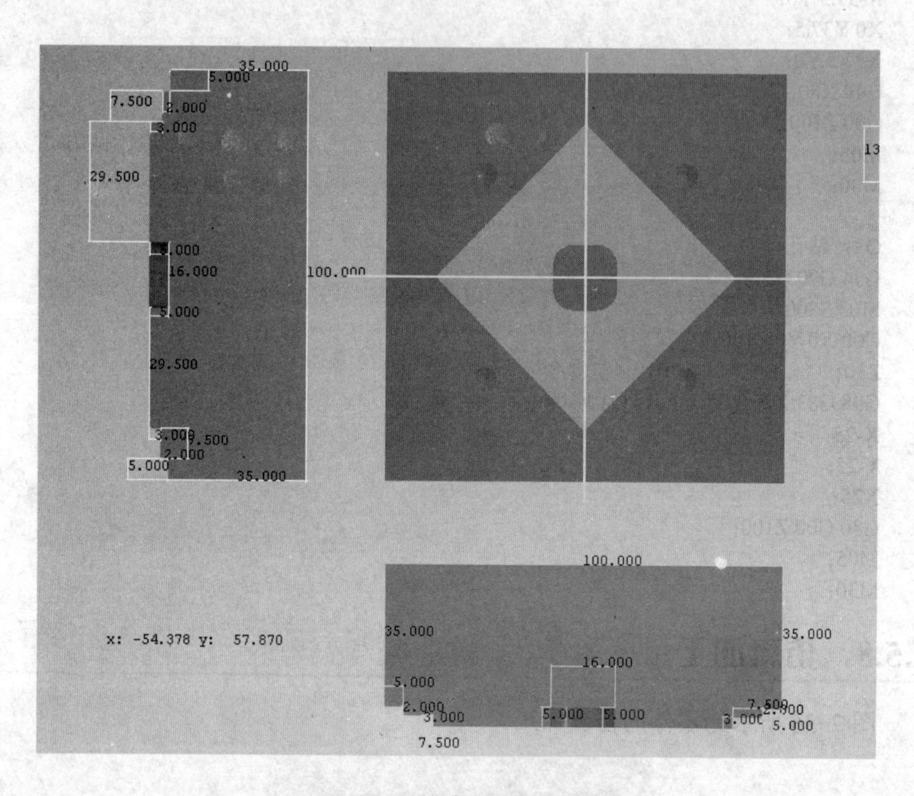

图 7-37　测量图形

7.6　应用铰孔、镗孔类循环功能的零件数控铣床仿真加工

7.6.1　零件图样及信息分析

图 7-38 所示为镗孔类图形，这里给出了五个孔类的图形。本例主要练习的是孔加工的步骤，包括打中心孔、钻孔、扩孔、镗孔等。

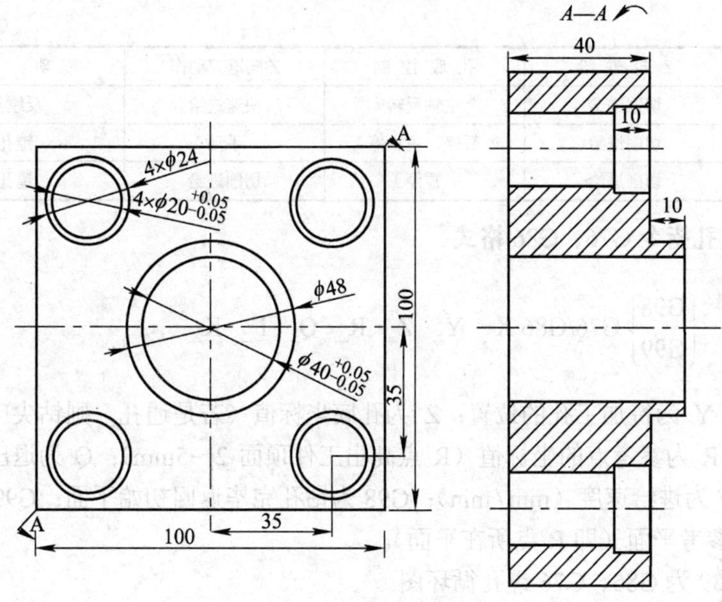

图 7-38　镗孔类图形

7.6.2　相关基础知识

固定循环的程序格式如下：

$$\begin{Bmatrix} \text{G98} \\ \text{G99} \end{Bmatrix} \text{G\_ X\_ Y\_ Z R\_ Q\_ P\_ I\_ J\_ K\_ F\_ L\_}$$

式中，G98 为返回初始平面；G99 为返回 R 点平面；G 为固定循环代码 G73、G74、G76 和 G81～G89 之一；X、Y 为加工起点到孔位的距离（G91）或孔位坐标（G90）；R 为初始点到 R 点的距离（G91，此时 R 为负值）或 R 点的坐标（G90）；Z 为 R 点到孔底的距离（G91，此时 Z 为负值）或孔底坐标（G90）；Q 为每次进给深度（G73/G83）；I、J 为刀具在轴反向的位移增量（G76/G87）；P 为刀具在孔底的暂停时间；K 为每次退刀的距离；F 为切削进给速度；L 为固定循环的次数，默认为 1。

循环指令的动作控制以及功能见表 7-13。

表 7-13　循环指令的动作控制以及功能

G 代 码	Z 向 进 给	孔 底 控 制	Z 向退刀动作	功　　能
G76	切削进给	主轴准停	快速进给	镗孔
G80	—	—	—	取消循环
G82	切削进给	暂停	快速进给	钻、镗阶梯孔
G86	切削进给	主轴准停	快速进给	镗孔

（续）

G 代 码	Z 向 进 给	孔 底 控 制	Z 向退刀动作	功 能
G87	切削进给	主轴反转	快速进给	反镗孔
G88	切削进给	暂停，主轴停	手动	镗孔
G89	切削进给	暂停	切削进给	镗孔

1. **镗孔指令** G76、G86 **格式**

格式：$\begin{Bmatrix} G98 \\ G99 \end{Bmatrix}$ G76/G86 X_ Y_ Z_ R_ Q_ F_ K_；

式中，X、Y 为待加工孔的位置；Z 为孔底坐标值（若是通孔，则钻尖应超出工件底面）；R 为参考点的坐标值（R 点高出工件顶面 2～5mm）；Q 为退出时的移动距离；F 为进给速度（mm/min）；G98 为钻孔完毕返回初始平面；G99 为钻孔完毕返回参考平面（即 R 点所在平面）。

图 7-39 为 G86、G76 镗孔循环图。

2. **反镗孔指令** G87 **格式**

格式：$\begin{Bmatrix} G98 \\ G99 \end{Bmatrix}$ G87 X_ Y_ Z_ R_ Q_ F_ K_；

式中，X、Y 为待加工孔的位置；Z 为孔底坐标值（若是通孔，则钻尖应超出工件底面）；R 为参考点的坐标值（R 点高出工件顶面 2～5mm）；Q 为进给到孔底时的移动距离（和 G76、G86 的区别）；F 为进给速度（mm/min）；G98 为钻孔完毕返回初始平面；G99 为钻孔完毕返回参考平面（即 R 点所在平面）。

图 7-40 为 G87 反镗孔循环图，G87 和 G76、G86 的区别主要在于先进给到孔底的时候主轴是定向停止的，移动到距离才起动主轴，然后自下而上镗孔。

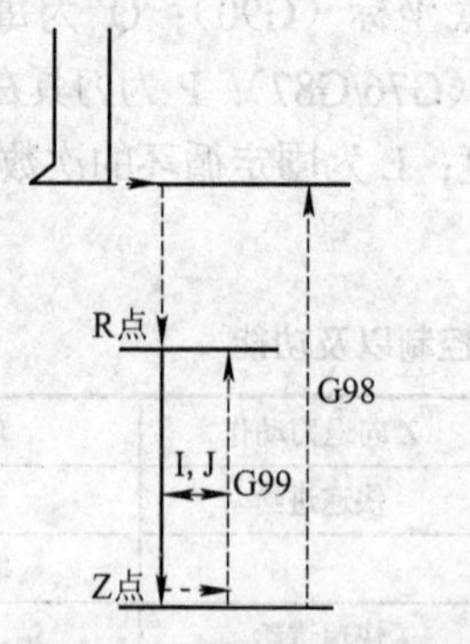

图 7-39 G86、G76 镗孔循环图

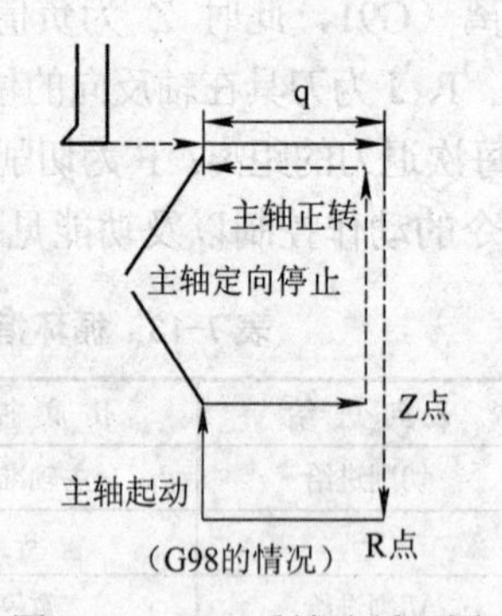

图 7-40 G87 反镗孔循环图

3. **镗孔指令 G88 格式**

格式：$\begin{Bmatrix} G98 \\ G99 \end{Bmatrix}$ G88 X_　Y_　Z_　R_　F_　K_；

式中，X、Y 为待加工孔的位置；Z 为孔底坐标值（若是通孔，则钻尖应超出工件底面）；R 为参考点的坐标值（R 点高出工件顶面 2～5mm）；F 为进给速度（mm / min）；G98 为钻孔完毕返回初始平面；G99 为钻孔完毕返回参考平面（即 R 点所在平面）。

图 7-41 为 G88 镗孔循环图，G88 和 G76、G86 的区别主要在于镗孔刀在孔底停止后，主轴停转，手动将刀具从空中退出。

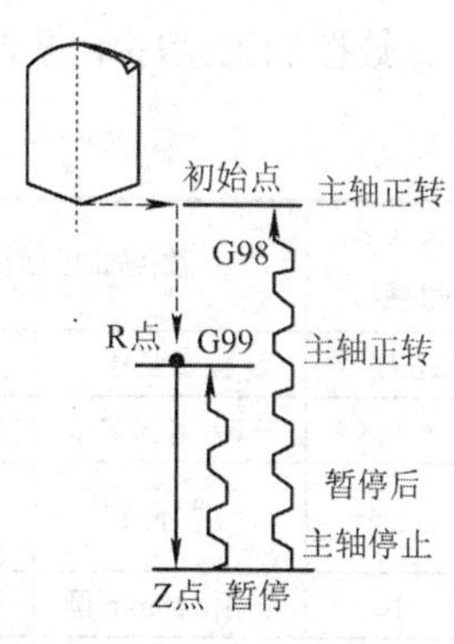

图 7-41　G88 镗孔循环图

7.6.3　加工方法

先粗加工轮廓，去除多余材料，然后钻孔、扩孔，最后精加工轮廓，镗孔到尺寸。

7.6.4　走刀路线

图 7-42 所示为轮廓走刀路线、图 7-43 为钻孔、镗孔走刀路线。.

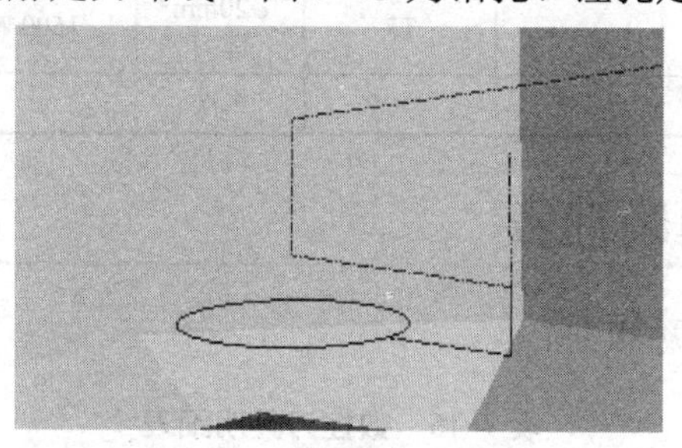

图 7-42　轮廓走刀路线

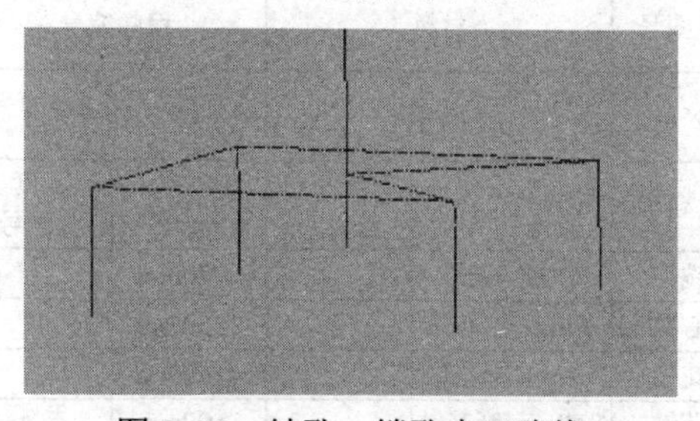

图 7-43　钻孔、镗孔走刀路线

7.6.5 数控加工工序卡

数控加工工序卡见表 7-14。

表 7-14 数控加工工序卡

××× 机械厂	数控加工工序卡		产品名称 ×××	零件名称 大平面零件		零件图号 ××××	
工艺序号	程序编号	夹具名称	夹具编号	使用设备		车间	
×××	P××××	机用虎钳	×××	数控铣床		××××	
工步号	工步内容	加工面	刀位号	刀具规格	主轴转速 /（r/min）	进给速度 /（mm/min）	切削深度 /mm
1	铣削ϕ48mm 圆	×	T1	ϕ20mm	600	300	5
2	中心钻定位	×	T2	ϕ4mm 中心钻	1200	100	3
3	钻孔		T3	ϕ9.8mm 麻花钻	700	100	50
4	扩孔		T4	ϕ19.8mm 麻花钻	450	100	50
5	扩孔		T5	ϕ39.8mm 麻花钻	270	100	50
6	铣削ϕ24mm 圆		T1	ϕ20mm	600	300	5
7	镗孔		T6	ϕ40mm 镗刀	1200	100	50
8	镗孔		T7	ϕ20mm 镗刀	1500	100	50
编制	×	审核	×	批准	×	第 页	共 页

7.6.6 数控刀具明细表

数控刀具明细表见表 7-15。

表 7-15 数控刀具明细表

数控刀具 明细表	零件 名称	零件图号	材料		程序编号		车间	使用设备
	大平面 零件	×××	45 钢		P××××		×××	数控铣床
刀具号	刀位号	刀具名称	刀具直径	半径 补偿号	刀具 长度	长度 补偿号	换刀方式	加工部位
	T1	立铣刀	ϕ23mm		＞20mm		手动	
	T2	中心钻	ϕ4mm 中心钻	1	＞20mm		手动	
	T3	麻花钻	9.8mm 麻花钻		＞90mm		手动	
	T4	麻花钻	19.8mm 麻花钻		＞90mm		手动	

（续）

数控刀具明细表	零件名称	零件图号	材料		程序编号		车间	使用设备
	大平面零件	×××	45 钢		P××××		×××	数控铣床
刀具号	刀位号	刀具名称	刀具直径	半径补偿号	刀具长度	长度补偿号	换刀方式	加工部位
	T5	麻花钻	39.8mm 麻花钻		＞90mm		手动	
	T6	镗刀	ϕ40mm 镗刀		＞90mm		手动	
	T7	镗刀	ϕ20mm 镗刀		＞90mm		手动	
编制		审核		批准		共　页	第　页	

7.6.7 零件程序

（1）加工 Φ48mm 圆

O1；刀具为ϕ20mm 立铣刀，加工深度为-5mm，分层加工

```
G54 G90 G40 G17 G80;
M03 S600;
G00 X0 Y0 Z50;
Z10;
X80;
G01 Z-5 F300;
G41 X24 D01;
G02 I-24;
G01 G40 X80;
G00 Z50;
M05;
M30;
```

（2）钻中心钻

O2；刀具为ϕ4mm 中心钻，加工深度为-3mm

```
G54 G90 G40 G17 G80;
M03 S1200;
G00 X0 Y0 Z50;
Z10;
G81 X35 Y35 Z-13 R5 F100;
X-35;
Y-35;
X35;
X0 Y0 Z-3;
G00 G80 Z50;
M05;
M30;
```

（3）钻孔

```
O3；刀具为ϕ9.8mm 钻头；加工深度为-40mm
G54 G90 G40 G17 G80；
M03 S700；
G00 X0 Y0 Z50；
Z10；
G83 X35 Y35 Z-50 R5 Q3 F100；
X-35；
Y-35；
X35；
X0 Y0 Z-50；
G00 G80 Z50；
M05；
M30；
```

（4）扩孔

```
O4；刀具为ϕ19.8mm 钻头，加工深度为-40mm
G54 G90 G40 G17 G80；
M03 S350；
G00 X0 Y0 Z50；
Z10；
G83 X35 Y35 Z-50 R5 Q3 F100；
X-35；
Y-35；
X35；
X0 Y0 Z-50；
G00 G80 Z50；
M05；
M30；
```

（5）扩孔

```
O5；刀具为ϕ39.8mm 钻头，加工深度为-40mm
G54 G90 G40 G17 G80；
M03 S200；
G00 X0 Y0 Z50；
Z10；
G83 X0 Y0 Z-50 R5 Q3 F100；
G00 G80 Z50；
M05；
M30；
```

（6）铣ϕ24mm 圆

```
O6；刀具为ϕ20mm 立铣刀，加工深度为-5mm，分层加工
G54 G90 G40 G17 G80；
M03 S600；
G00 X0 Y0 Z50；
Z10；
M98 P7；
```

```
G68 X0 Y0 R90;
M98 P7;
G69;
G68 X0 Y0 R180;
M98 P7;
G69;
G68 X0 Y0 R270;
M98 P7;
G69;
G00 Z50;
M05;
M30;
```

（7）O6 子程序

```
O7;
G00 X35 Y35;
G01 Z-20 F300;
G41 X47 D01;
G03 I-12;
G01 G40 X35;
G00 Z10;
M99;
```

（8）镗ϕ40mm 孔

```
O8;
G54 G90 G40 G17 G80;
M03 S1200;
G00 X0 Y0 Z50;
Z10;
G86 X0 Y0 Z-50 R5 F100;
G00 G80 Z50;
M05;
M30;
```

（9）镗ϕ20mm 孔

```
O9;
G54 G90 G40 G17 G80;
M03 S1500;
G00 X0 Y0 Z50;
Z10;
G86 X35 Y35 Z-50 R5 F100;
X-35;
Y-35;
X35;
G00 G80 Z50;
M05;
M30;
```

7.6.8　仿真加工

零件的仿真加工如图 7-44 所示。

图 7-44　零件的仿真加工

7.6.9　检测与分析

检测与分析如图 7-45 和图 7-46 所示。

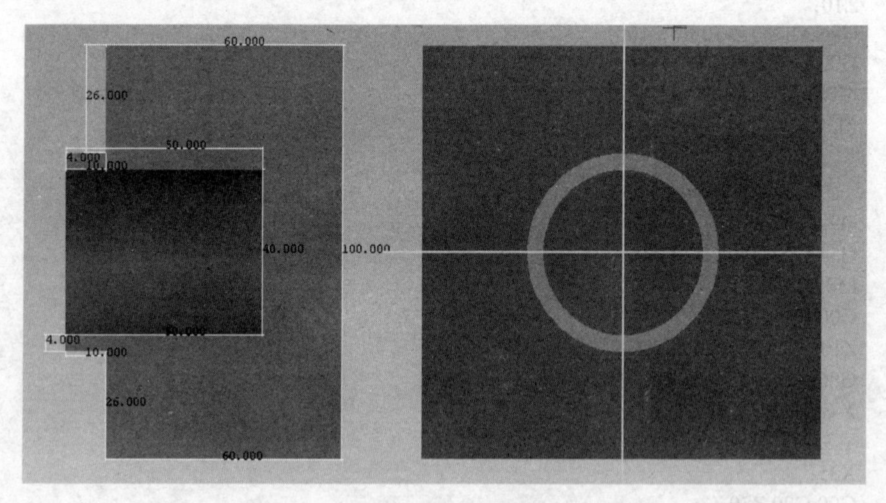

图 7-45　检测与分析（检测图中心定位）

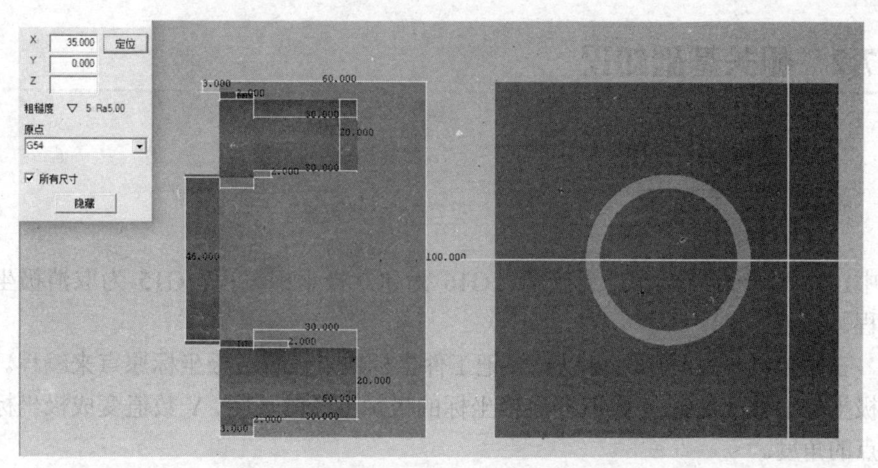

图 7-46　检测与定位（检测图侧定位）

7.7　零件数控铣床综合仿真加工

7.7.1　零件图样及信息分析

图 7-47 所示为综合加工零件。本零件比较复杂，运用的加工方法较多。这里是对前几章知识的统筹练习，主要有内外轮廓、孔系、阶梯轮廓、对称轮廓等类型的加工。这里应用了极坐标编程的方法（G15/G16）。

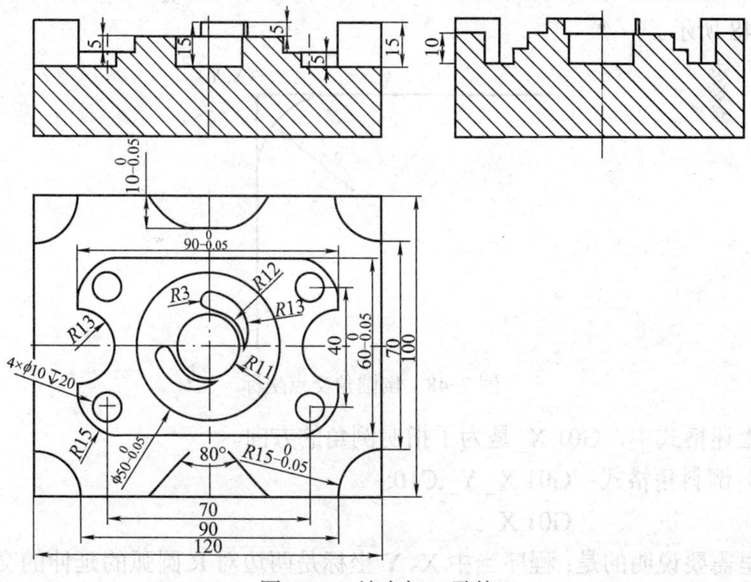

图 7-47　综合加工零件

7.7.2 相关基础知识

1. **极坐标编程** G16、G15

编程格式：G16 X_ Y_；

G15;

式中，X 为极轴半径；Y 为极角；G16 为建立极坐标编程；G15 为取消极坐标编程。

在数控编程过程中，可以直接把工件坐标原点设置成极坐标原点来编程。所谓极坐标编程就是把 X 数值变成极坐标的极轴半径的长度、Y 数值变成极坐标的极点的角度。

极坐标编程时也可以用 G90、G91 来编程。G90 以绝对坐标的尺寸编程，G91 以增量尺寸编程。

2. **辅助编程**

辅助编程是为了简化编程而运用的编程方法，主要的运用方式包括直线之间倒圆、倒角，直线圆弧之间倒圆，两圆弧之间倒圆等。辅助编程在程序当中运用可以很有效率地简化编程以及很多节点的运算。

（1）倒圆角格式：G01 X_ Y_,R10;

G01 X_;

这里需要说明的是：程序当中 X、Y 坐标是两边对 R 圆弧的延伸的交点坐标，如图 7-48 所示。

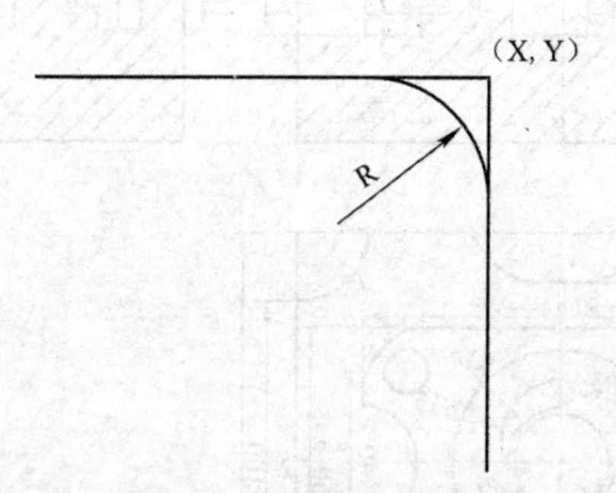

图 7-48 倒圆角交点坐标

在上述格式中，G01 X_是为了指明倒角的方向。

（2）倒斜角格式：G01 X_ Y_,C10;

G01 X_;

这里需要说明的是：程序当中 X、Y 坐标是两边对 R 圆弧的延伸的交点坐标，如图 7-49 所示.。

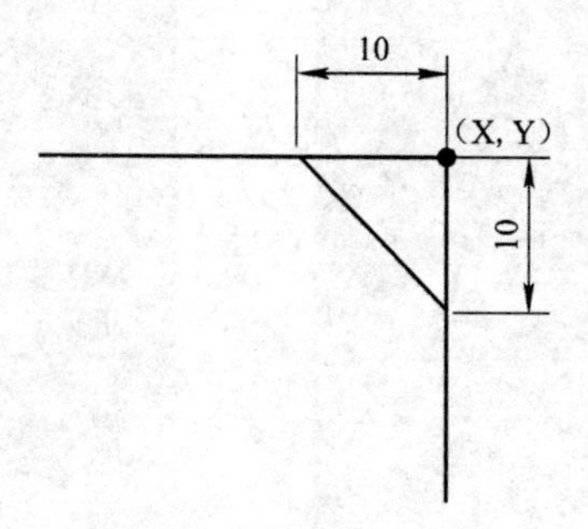

图 7-49　倒斜角交点坐标

在上述格式中，G01 X_是为了指明倒角的方向。

这里需要说明的是：不仅 G01 可以用于辅助编程，G02/G03 也可以用于辅助编程，用法和 G01 相似，格式为 G02/G03 X_ Y_ R_,R10。同样要注意的是 X、Y 点的坐标。

7.7.3　加工方法

先粗加工外围四个倒角部分，再加工外轮廓部分，加工过程由上到下，然后加工内轮廓部分，最后精加工全部。

7.7.4　走刀路线

图 7-50 为外围倒角加工走刀路线，图 7-51 为内轮廓加工走刀路线，图 7-52 为外轮廓加工走刀路线，图 7-53 为上下耳蜗廓加工走刀路线，图 7-54 为打孔加工走刀路线。

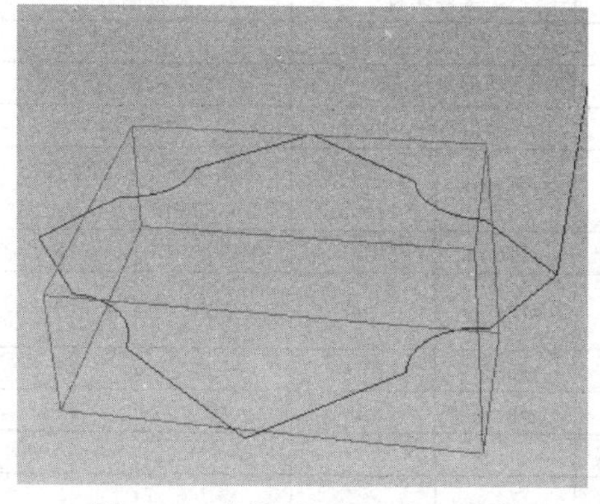

图 7-50　外围倒角加工走刀路线

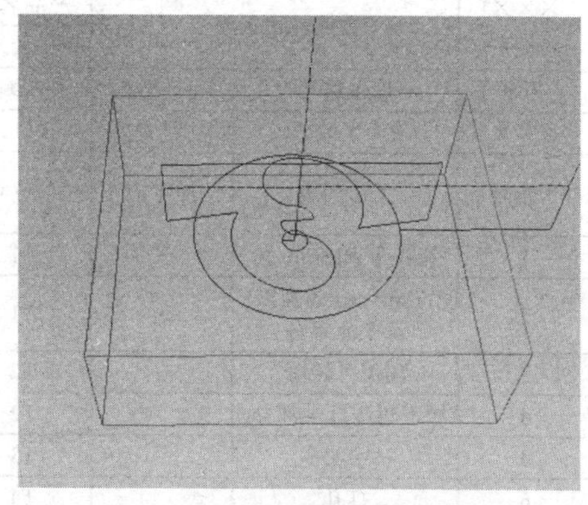

图 7-51　内轮廓加工走刀路线

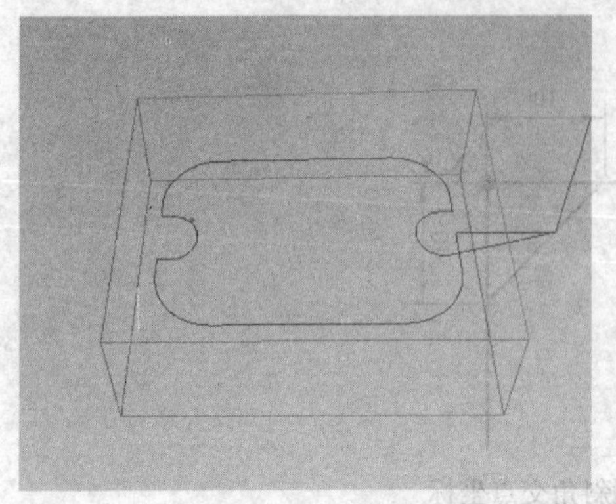

图 7-52 外轮廓加工走刀路线

图 7-53 上下耳蜗廓加工走刀路线

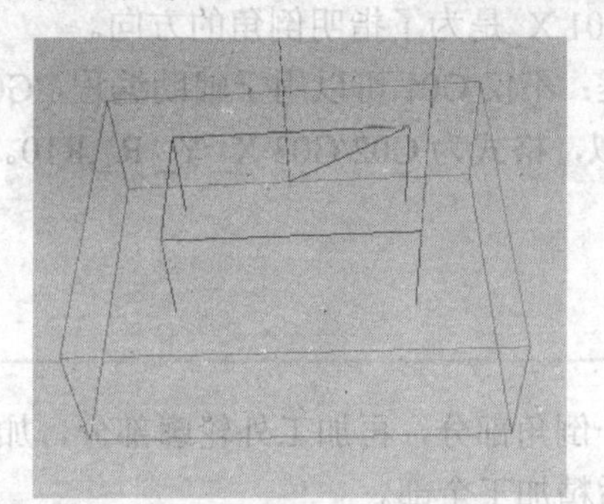

图 7-54 打孔加工走刀路线

7.7.5 数控加工工序卡

数控加工工序卡见表 7-16。

表 7-16 数控加工工序卡

×××机械厂	数控加工工序卡		产品名称	零件名称		零件图号	
			×××	大平面零件		××××	
工艺序号	程序编号	夹具名称	夹具编号	使用设备		车间	
×××	P××××	机用虎钳	×××	数控铣床		××××	
工步号	工步内容	加工面	刀位号	刀具规格	主轴转速 /（r/min）	进给速度 /（mm/min）	切削深度 /mm
1	铣 4 个 *R*15mm 角	×	T1	*ϕ*14mm	100	300	15
2	铣*ϕ*50mm 的圆以及上面部分	×	T1	*ϕ*14mm	100	300	15
3	加工外轮廓		T2	*ϕ*8mm	1500	100	15
4	加工两边耳朵部分		T2	*ϕ*8mm	1500	100	15
5	钻中心孔		T3				
6	打孔		T4				
7	铰孔		T5				
编制	×	审核	×	批准	×	第 页	共 页

7.7.6　数控刀具明细表

数控刀具明细表见表 7-17。

表 7-17　数控刀具明细表

数控刀具明细表	零件名称	零件图号	材料		程序编号		车间	使用设备
	大平面零件	×××	45 钢		P××××		×××	数控铣床
刀具号	刀位号	刀具名称	刀具直径	半径补偿号	刀具长度	长度补偿号	换刀方式	加工部位
	T1	盘铣刀	63mm		>20mm		手动	
	T2	立铣刀	20mm	1	>30mm		手动	
编制		审核		批准			共　页	第　页

7.7.7　零件程序

1．铣 4 个 *R*15mm 角

```
O1；用 φ14mm 立铣刀加工 4 个 R15mm 角
G54 G90 G17；
M03 S800；
G00 X0 Y0 Z100；
X80；
Z10；
G01 Z-10 F100；
G41 X60 Y35 D01；
G02 X45 Y50 R15；
G01 G40 X0 Y80；
G41 X-45 Y50 D01；
G02 X-60 Y35 R15；
G01 G40 X-80 Y0；
G41 X-60 Y-35 D01；
G02 X-45 Y-50 R15；
G40 G01 X0 Y-80；
G41 X45 Y-50 D01；
G02 X60 Y-35 R15；
G01 G40 X80 Y0；
G00 Z100；
M05；
M30；
```

2．铣 ϕ50mm 圆以及上面部分

```
O2；用 φ14mm 立铣刀加工 φ50mm 的圆以及上面部分
G54 G90 G17；
M03 S800；
G00 X0 Y0 Z100；
```

```
X80；
Z10；
G01 Z-10 F100；
G41 X25 D01；
G02 I-25；
G01 G40 X80；
G00 Z10；
M98 P3；
G51.1 X0 Y0；
M98 P3；
G50.1 X0 Y0；
G00 X0 Y0；
G01 Z-10(分批 Z-15)；
G42 X-11 D01；
G02 I11；
G01 G40 X0；
G00 Z100；
M05；
M30；
```

3．子程序

```
O3；子程序
X40；
G01 Z-5 F200；
G42 X12 D01；
G03 X0 Y18.84 R13；
Y12.63 R3；
G02 X12 Y0 R12；
G0 Z10；
G40 X40 Y0；
M99；
```

4．加工轮廓

```
O4；用 φ8mm 立铣刀加工轮廓
G54 G90 G17；
M03 S1500；
G00 X0 Y0 Z100；
X80；
G01 Z-15；
G41 X45 Y0 D02；
Y-15；
G02 X30 Y-30 R15；
G01；
X-30；
G02 X-45 Y-15 R15；
G01 Y-13；
G03 Y13 R13；
```

```
G01 Y15;
G02 X-30 Y30 R15;
G01 X30;
G02 X45 Y15 R15;
G01 Y13;
G03 Y-13 R13;
G01 G40 X80 Y0;
G00 Z200;
M05;
M30;
```

5. 加工两边耳朵部分

```
O5;用 φ8mm 立铣刀加工两边耳朵部分
G54 G90 G17;
M03 S1500;
G00 X0 Y0 Z100;
X70 Y-70;
Z10;
G01 Z-15 F100;
G42 X20 Y-50 D02;
X11.61 Y-40,R10;
X-11.61 Y-40,R10;
X-20 Y-50;
G00 Z10;
G40 X70 Y70;
G01 Z-15;
G41 X20 Y50 D02;
X11.61 Y40,R10;
X-11.61 Y40,R10;
X-20 Y50;
G00 Z10;
G40 X0 Y0;
G00 Z200;
M05;
M30;
```

6. 中心钻钻孔

```
O6;中心钻钻孔
G54 G90 G40 G17;
M03 S500;
G00 X0 Y0 Z100;
Z10;
G98 G83 X35 Y20 Z-8 R5 Q3 F100;
X-35;
Y-20;
X35;
G80 G00 Z100;
```

```
M05;
M30;
```

7. 钻 4 个孔

```
O7; 用 φ9.8mm 钻头打孔
G54 G90 G40 G17;
M03 S500;
G00 X0 Y0 Z100;
Z10;
G98 G83 X35 Y20 Z-24 R5 Q3 F100;
X-35;
Y-20;
X35;
G80 G00 Z100;
M05;
M30;
```

8. 铰 4 个孔

```
O8; 用 φ10mm 铰刀铰孔
G54 G90 G40 G17;
M03 S600;
G00 X0 Y0 Z200;
Z10;
G98 G81 X35 Y20 Z-20 R5 F100;
X-35;
Y-20;
X35;
G80 G00 Z200;
M05;
M30;
```

7.7.8 仿真加工

零件的仿真加工如图 7-55 所示。

图 7-55 零件的仿真加工

7.7.9　检测与分析

检测与分析如图 7-56 所示。这里给出的是全部尺寸的测量。

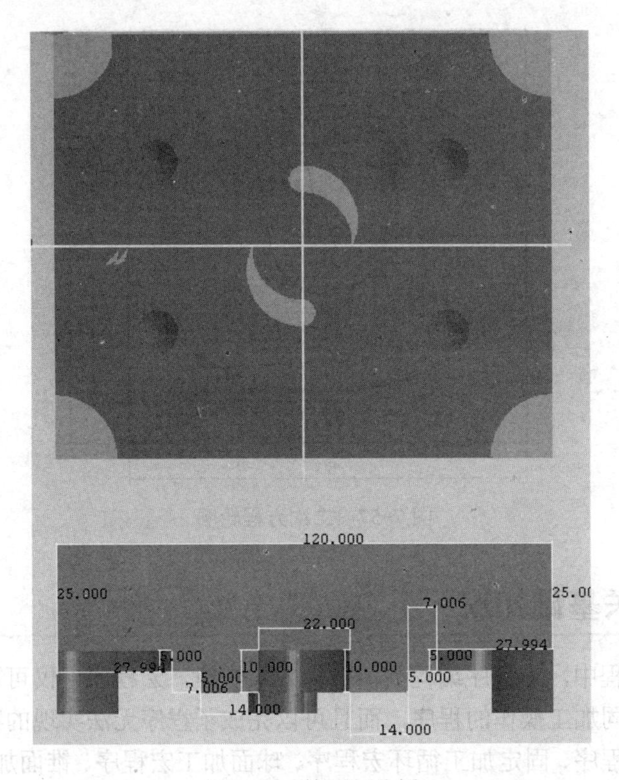

图 7-56　检测与分析

7.8　应用宏程序二次方程轮廓的零件数控铣床综合仿真加工

7.8.1　零件图样及信息分析

图 7-57 所示为二次方程轮廓，这里给出的是椭圆方程。本例主要介绍宏程序的编程方法，即椭圆方程的二维宏程序加工。

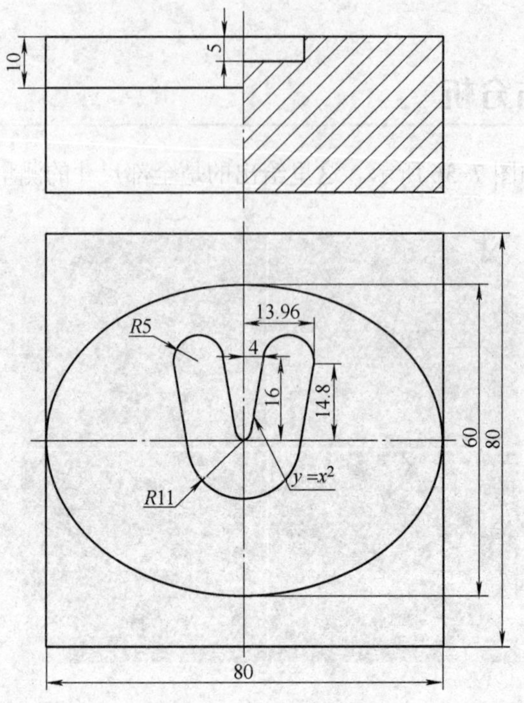

图 7-57 二次方程轮廓

7.8.2 相关基础知识

在数控编程中，宏程序编程灵活、高效、快捷。宏程序不仅可以实现像子程序那样编制相同加工操作的程序，而且可以完成子程序无法实现的特殊功能，例如型腔加工宏程序、固定加工循环宏程序、球面加工宏程序、锥面加工宏程序等。宏程序还可以实现系统参数的控制，如坐标系的读写、刀具偏置的读写、时间信息的读写、倍率开关的控制等。

1. 宏程序运算

相等：#i=#j

加法：#i=#j+#k

减法：#i =#j- #k

乘法：#i =#j*#k

除法：#i=#j/#k

正弦：#i=SIN[#j]

反正弦：#i=ASIN[#j]

余弦：#i=COS[#j]

反余弦：#i=ACOS[#j]

正切：#i=TAN[#j]

反正切：#i=ATAN[#j]

平方根：#i=SQRT[#j]

绝对值：#i=ABS[#j]

舍入：#i=ROUND[#j]

上取整：#i=FIX[#j]

下取整：#i=FUP[#j]

自然对数：#i=LN[#j]

指数函数：#i=EXP[#j]

或：#i=#j OR #k

异或：#i=#j XOR #k

与：#i=#j AND #k

从 BCD 转为 BIN：#i=BIN[#j]

从 BIN 转为 BCD：#i=BCD[#j]

2．运算符

EQ：等于

NE：不等于

GT：大于

GE：大于或等于

LT：小于

LE：小于或等于

3．条件语句的运算方法

1）无条件转移：GOTOn （n 为程序段号，为 1～99999）

例：GOTO10 为转移到 N10 程序段。

2）条件转移（IF 语句）：

① IF[条件表达式]GOTOn。当指定的条件表达式满足时，转移到标有顺序号 n 的程序段；如果指定的条件表达式不满足时，执行下一个程序段。

② IF[条件表达式]THEN。当指定的条件表达式满足时，执行预先决定的宏程序语句。

例：IF [#1EQ #2] THEN #3=0;

③ WHILE　[条件表达式]　DO m;（m=1，2，3）

⋮
END1;

当指定的条件表达式满足时，执行下一个程序段；如果指定的条件表达式不满足时，转移到 END1，并向下执行。

注意：循环允许嵌套，最多 3 层，但不允许交叉，如图 7-58 和图 7-59 所示。

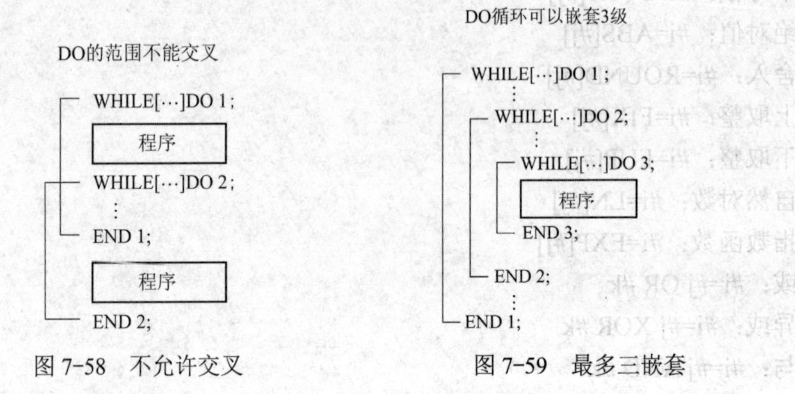

图 7-58　不允许交叉　　图 7-59　最多三嵌套

7.8.3　加工方法

先粗加工外面的椭圆，然后加工内轮廓，最后按顺序精加工。

7.8.4　走刀路线

外轮廓加工走刀路线如图 7-60，内轮廓加工走刀路线如图 7-61 所示。

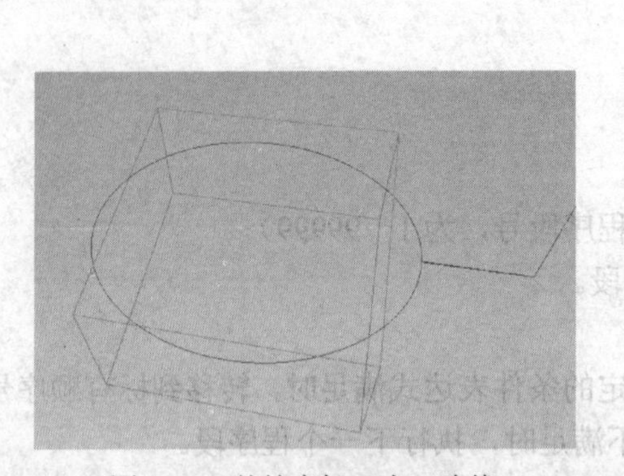

图 7-60　外轮廓加工走刀路线

图 7-61　内轮廓加工走刀路线

7.8.5　数控加工工序卡

数控加工工序卡见表 7-18。

表 7-18 数控加工工序卡

××× 机械厂	数控加工工序卡		产品名称	零件名称		零件图号	
			×××	大平面零件		××××	
工艺序号	程序编号	夹具名称	夹具编号	使用设备		车间	
×××	P××××	机用虎钳	×××	数控铣床		××××	
工步号	工步内容	加工面	刀位号	刀具规格	主轴转速 /（r/min）	进给速度 /（mm/min）	切削深度 /mm
1	铣削外轮廓	×	T1	ϕ20mm	800	300	1
2	铣削内轮廓	×	T2	ϕ6mm	1500	100	10
编制	×	审核	×	批准	×	第 页	共 页

7.8.6 数控刀具明细表

数控刀具明细表见表 7-19。

表 7-19 数控刀具明细表

数控刀具 明细表	零件名称	零件图号	材料		程序编号		车间	使用设备
	大平面 零件	×××	45 钢		P××××		×××	数控铣床
刀具号	刀位号	刀具名称	刀具直径	半径 补偿号	刀具 长度	长度 补偿号	换刀方式	加工部位
	T1	立铣刀	20mm		＞20mm		手动	
	T2	二刃铣刀	6mm	1	＞20mm		手动	
编制		审核		批准			共 页	第 页

7.8.7 零件程序

1. 铣削外轮廓

```
O1；用φ20mm 铣刀加工
G54 G90 G17；
M03 S800；
G00 X0 Y0 Z100；
Z10；
G01 X80 Y0 F300；
Z-10；
#1=0；椭圆初始角
```

```
#2=40; 长半轴
#3=30; 短半轴
WHILE【#1LE360】DO1
#4=#2*COS#1; X 向数值计算
#5=#3*SIN#1; Y 向数值计算
G42 X#4 Y#5 D01;
#7=#7+1;
END1;
G40 X80 Y0;
G00 Z100;
M05;
M30;
```

2. **铣削内轮廓**

```
O2; 用φ6mm 二刃铣刀加工
G54 G90 G17;
M03 S1500;
G00 X0 Y0 Z100;
Z10;
Y-5;
G01 Z-5 F100;
G42 Y-11 D02;
G02 X-11.18 Y-1.85 R11;
G01 X-13.96 Y14.8;
G02 X-4 Y16 R5;
#1=-4; X 向初始值
WHILE【#1LE4】DO1;
#2=#1*#1; Y 向数值计算
G01 X#1 Y#2;
#1=#1+0.1;
END1;
G02 X13.96 Y14.8 R5;
G01 X11.18 Y-1.85;
G02 X0 Y-11 R11;
G01 G40 Y-5;
G00 Z100;
G40 X0 Y0;
M05;
M30;
```

7.8.8 仿真加工

零件的仿真加工如图 7-62 所示。

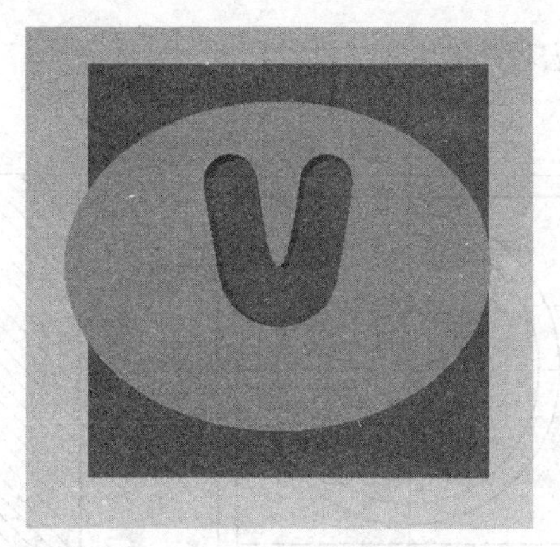

图 7-62　零件的仿真加工

7.8.9　检测与分析

检测与分析如图 7-63 所示，这里给出的是全部尺寸的测量图。

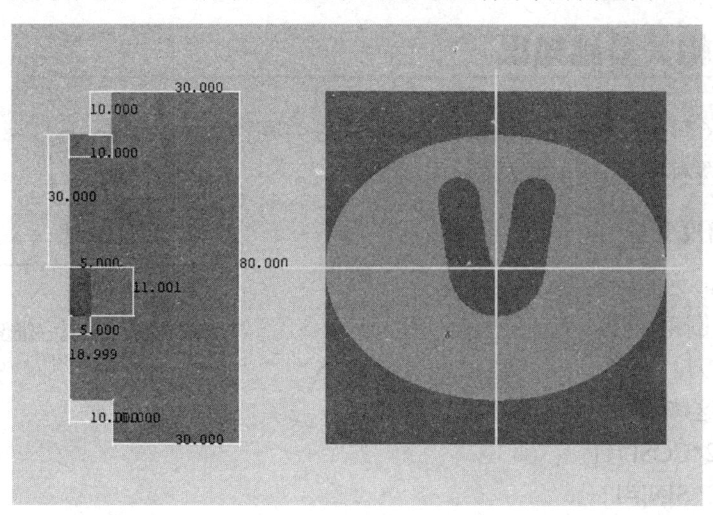

图 7-63　检测与分析

7.9　应用宏程序三维轮廓的零件数控铣床综合仿真加工

7.9.1　零件图样及信息分析

图 7-64 所示为三维零件轮廓加工，包括轮廓倒圆、轮廓倒角的加工。这里主

要介绍三维零件轮廓宏程序的编程方法。

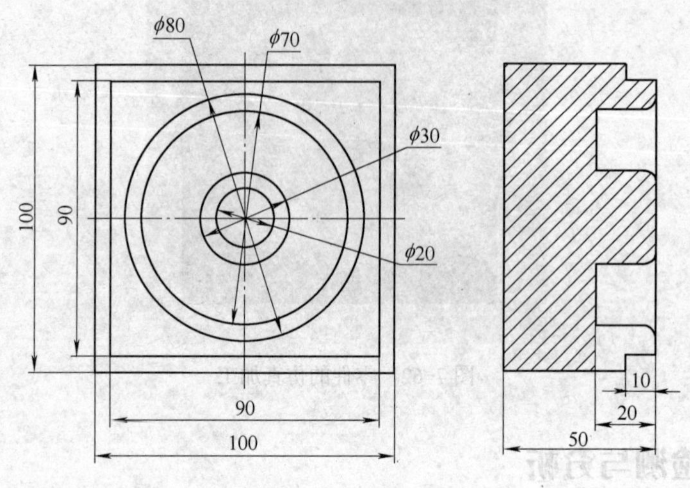

图 7-64　三维零件轮廓

7.9.2　相关基础知识

图 7-65 所示为加工三维倒角零件图。这类零件图一般有两种变量：角度变量、深度变量。

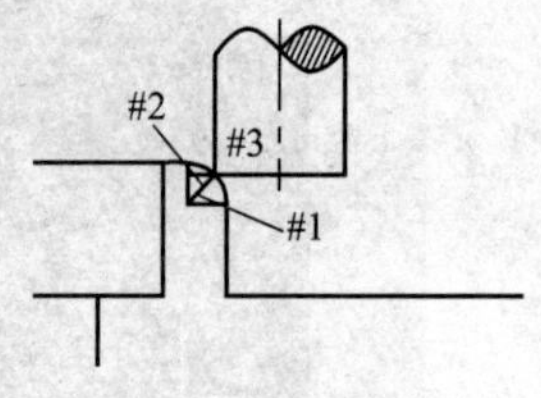

图 7-65　加工三维倒角零件图

1. 角度变量

#1=0，为起始角度；

#2 为倒角半径；

#3 为刀具半径；

给出这些已知量就可以算出变量数值：

#4=#2*COS[#1]

#5=#2*SIN[#1]

2. 深度变量

#1=0，为起始深度；

#2 为倒角半径；

#3 为刀具半径；

给出这些已知量就可以算出变量数值：

#4=SQRT[#2*#2-[#2-#1]*[#2-#1]]

7.9.3　加工方法

先粗加工内外轮廓，去除余料，然后精加工内外轮廓，最后加工规则三维图形部分。

7.9.4　走刀路线

加工走刀路线如图 7-66 所示。

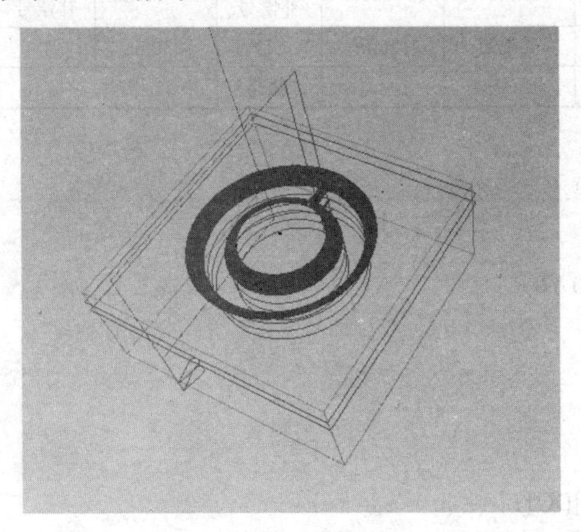

图 7-66　加工走刀路线

7.9.5　数控加工工序卡

数控加工工序卡见表 7-20。

表 7-20　数控加工工序卡

××× 机械厂	数控加工工序卡		产品名称	零件名称		零件图号	
			×××			××××	
工艺序号	程序编号	夹具 名称	夹具编号	使用设备		车间	
×××	P××××	机用 虎钳	×××	数控铣床		××××	
工步号	工步内容	加工面	刀位号	刀具规格	主轴转速 /（r/min）	进给速度 /（mm/min）	切削深度 /mm
1	铣削内外轮廓	×	T1	ϕ12mm	1000	200	5
编制	×	审核	×	批准	×	第　页	共　页

7.9.6 数控刀具明细表

数控刀具明细表见表 7-21。

表 7-21 数控刀具明细表

数控刀具明细表	零件名称	零件图号	材料		程序编号		车间	使用设备
		×××	45 钢		P××××		×××	数控铣床
刀具号	刀位号	刀具名称	刀具直径	半径补偿号	刀具长度	长度补偿号	换刀方式	加工部位
	T1	立铣刀	12mm	1	>30mm	1	自动	
编制		审核		批准			共 页	第 页

7.9.7 程序

```
O0791;
G90 G54 G00 X0 Y0;
M03 S1000;
Z10;
X0 Y-61;
Z5;
#1=5;
WHILE[#1LE10]DO1;
G01 Z[-#1] F10;
G41 X8 Y-53 D1 F200;
G03 X0 Y-45 R8;
G01 X-45;
Y45;
X45;
Y-45;
X0;
G03 X-8 Y-53 R8;
G01 G40 X0 Y-61;
#1=#1+5;
END1;
G00 Z50;
X0 Y22;
Z5;
#1=5;
WHILE[#1LE20]DO2;
G01Z[-#1]F10;
G41 X6.5 Y28.5 D1 F200;
G03 X0 Y35 R6.5;
J-35;
```

```
X-6.5 Y28.5 R6.5;
G40 G01 X0 Y22;
#1=#1+5;
END2;
G0 Z50;
X0 Y28;
Z5;
#1=5.;
WHILE[#1LE20]DO1;
G01 Z[-#1]F10;
G42 G01 X6.5 Y21.5 D1 F200;
G02 X0 Y15 R6.5;
G03 J-15;
G02 X-6.5 Y21.5 R6.5;
G40 G01 X0 Y28;
#1=#1+5;
END1;
G0 Z50;
X0 Y22;
Z5;
#1=0;
WHILE[#1LE90]DO2;
#2=SIN[#1]*5-5;
#3=5-COS[#1]*5;
G01 Z[#2] F100;
G41 X[6.5] Y[28.5+#3] D1 F200;
G03 X0 Y[35+#3] R6.5;
J[-35-#3];
X-6.5 Y[28.5+#3] R6.5;
G40 G01 X0 Y22;
#1=#1+1;
END2;
Z50;
X0 Y28;
Z5;
#1=0;
WHILE[#1LE90]DO3;
#2=5-SIN[#1]*5;
#3=5-COS[#1]*5;
G01 Z[-#2] F10;
G42 G01 X6.5 Y[21.5-#3] D1 F200;
G02 X0 Y[15-#3] R6.5;
G03 J[-15+#3];
G02 X-6.5 Y[21.5-#3] R6.5;
```

```
G40 G01 X0 Y28;
#1=#1+1;
END3;
G49 G91 G0 Z0;
M05;
M30;
```

7.9.8　仿真加工

仿真加工如图 7-67 所示。

图 7-67　零件仿真加工

7.9.9　检测与分析

测量与分析如图 7-68 所示，这里给出的是全部尺寸的测量。

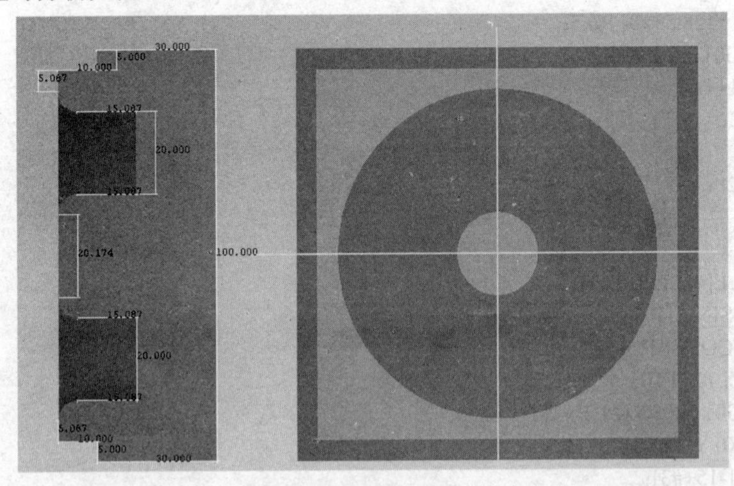

图 7-68　测量与分析

7.10 零件自动编程的数控铣床仿真加工

7.10.1 零件图样及信息分析

图 7-69 所示为自动编程零件。这里主要练习的是一些 CAM 编程加工的过程以及刀具选择、毛坯选择、加工参数设定。

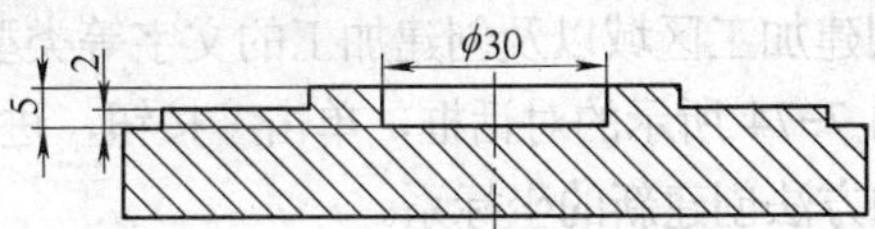

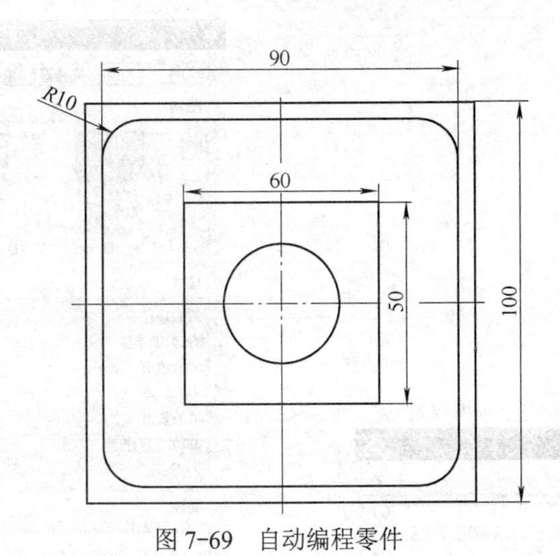

图 7-69　自动编程零件

7.10.2 相关基础知识

图 7-70 所示为 UG 自动加工编程的过程。

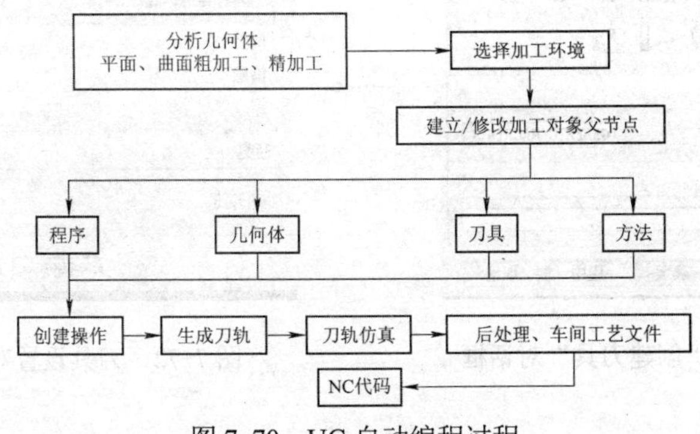

图 7-70　UG 自动编程过程

1）进入 UG 加工模块，单击按钮设置刀具，出现图 7-71 所示的“创建刀具”对话框。在该对话框中可以确定需要的刀具的类型以及名称。单击“确定”按钮，进入图 7-72 所示的刀具设置对话框。该对话框可以设定刀具的具体参数。

2）单击集合体按钮创建加工坐标、加工体。图 7-73 所示为“创建几何体”对话框。该对话框的“几何题子类型”框内可以根据实际情况选择创建新的坐标系、创建新的工件加工体、创建加工区域以及创建加工的文字等类型。选择，然后单击“确定”按钮，进入图 7-74 所示的对话框，单击按钮，进入图 7-75 所示的对话框，在这里根据提示的方法创建新的坐标系。

图 7-71　“创建刀具”对话框

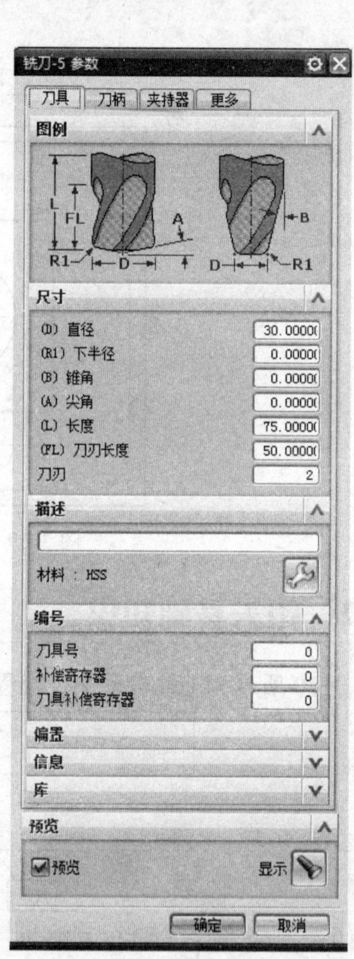

图 7-72　刀具设置对话框

图 7-73 “创建几何体”对话框

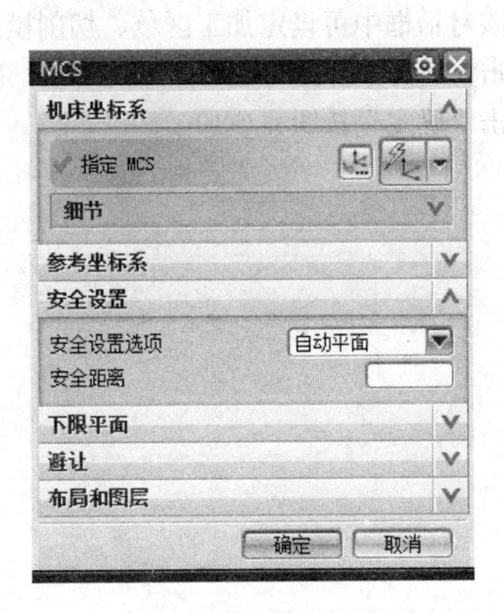

图 7-74 创建新的坐标系

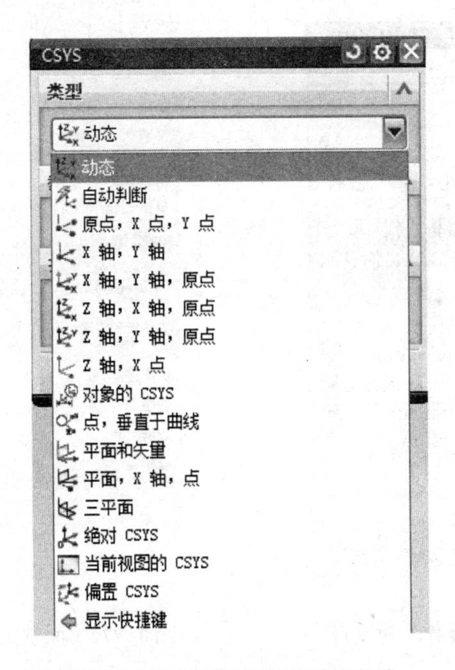

图 7-75 选择创建坐标系的方法

3）单击按钮，创建加工方式。图 7-76 所示为创建加工方式的“创建操作”对话框。在“操作子类型”框内选择所需的加工类型，在“位置”框内设置程序名称、所用刀具、所需的几何体/坐标系以及加工方法（粗加工、半精加工以及精加工）。选择，单击“确定”按钮进入图 7-77 所示的“面铣削区域”对话框。

在该对话框中可设定加工区域、切削模式、加工深度等，根据需要设定好参数后单击，软件会自动地运算刀具路径。完成刀具路径运算经检查为满意的刀路后，单击“确定”按钮完成加工。

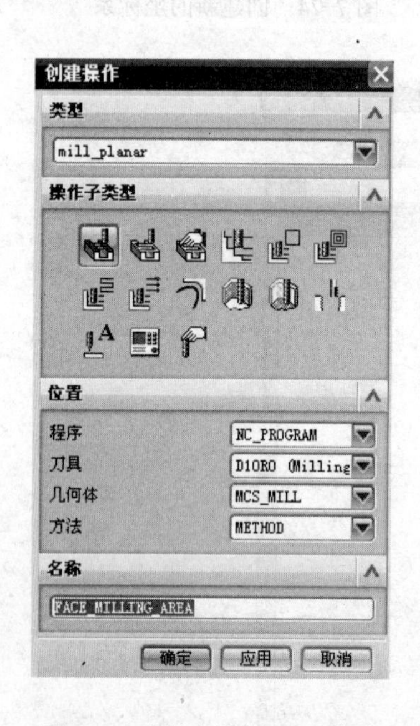

图 7-76 “创建操作”对话框

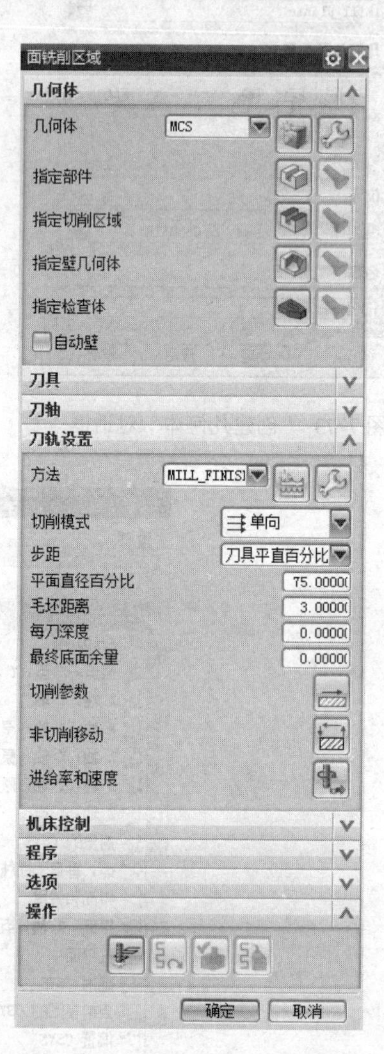

图 7-77 “面铣削区域”对话框

4）如果需要刀具路径的程序，单击“FACE_MILLING_AREA”，然后单击鼠标右键，如图 7-78 所示，这样后处理，弹出“后处理”对话框，如图 7-79 所示。在该对话框中选择需要的后处理器、公制或者英制单位等设定，单击“确定”按钮，弹出刚才运算的刀具路径的程序，如图 7-80 所示。

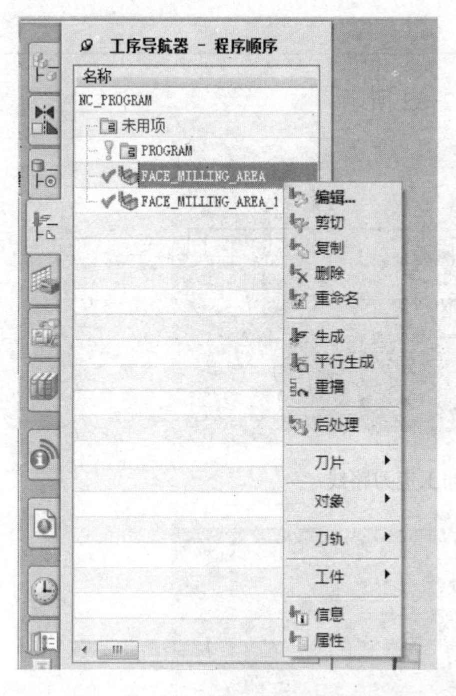

图 7-78　计算完成的加工路线

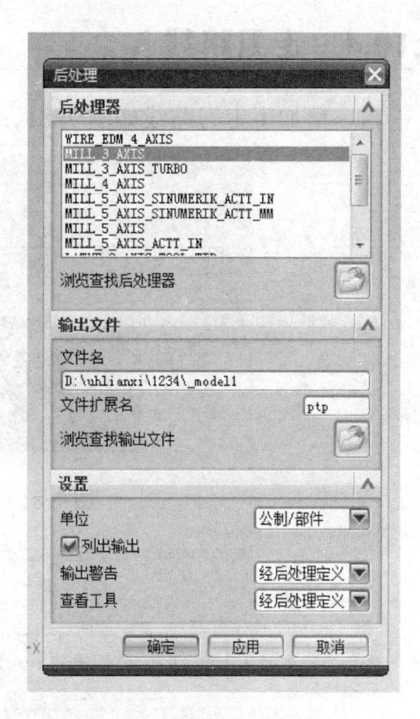

图 7-79　选择适当的后处理

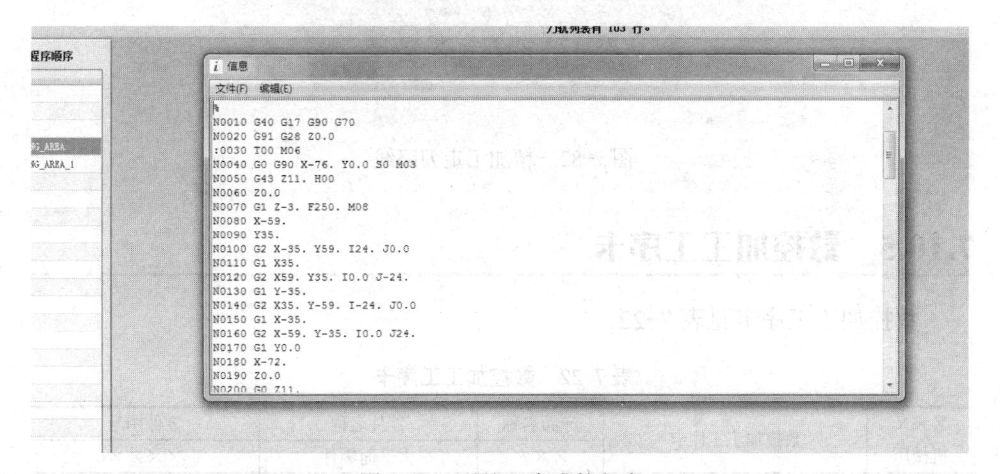

图 7-80　后处理生成的程序

7.10.3　加工方法

先分层粗加工去处余料，然后精加工底部和侧面。

7.10.4　走刀路线

粗、精加工走刀路线如图 7-81、图 7-82 所示。

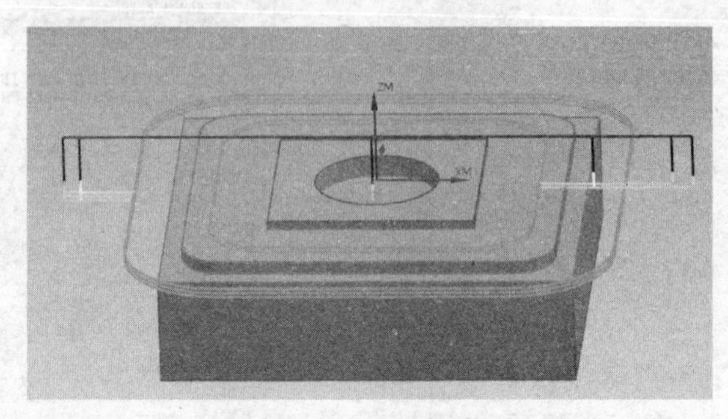

图 7-81　粗加工走刀路线

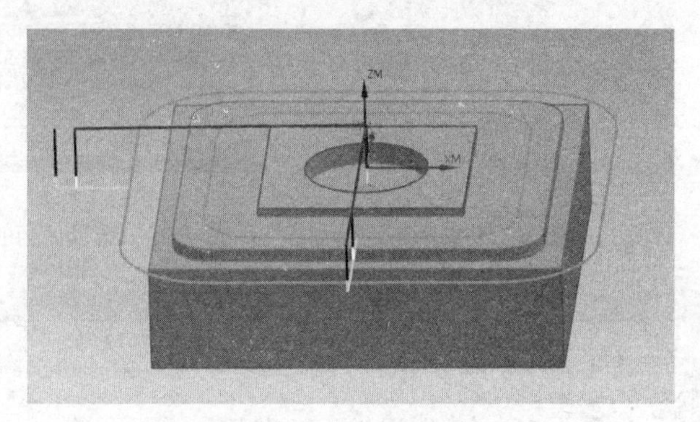

图 7-82　精加工走刀路线

7.10.5　数控加工工序卡

数控加工工序卡见表 7-22。

表 7-22　数控加工工序卡

×××机械厂	数控加工工序卡		产品名称	零件名称		零件图号	
			×××	大平面零件		××××	
工艺序号	程序编号	夹具名称	夹具编号	使用设备		车间	
×××	P××××	机用虎钳	×××	数控铣床		××××	
工步号	工步内容	加工面	刀位号	刀具规格	主轴转速 /（r/min）	进给速度 /（mm/min）	切削深度 /mm
1	粗加工	×	T1	ϕ26mm	600	300	1
2	精加工		T2	ϕ26mm	600	300	1
编制	×	审核	×	批准	×	第　页	共　页

7.10.6　数控刀具明细表

数控刀具明细表见表 7-23。

表 7-23　数控刀具明细表

数控刀具明细表	零件名称	零件图号	材料		程序编号		车间	使用设备
	大平面零件	×××	45 钢		P××××		×××	数控铣床
刀具号	刀位号	刀具名称	刀具直径/mm	半径补偿号	刀具长度/mm	长度补偿号	换刀方式	加工部位
	T1	盘铣刀	26		>20		手动	
	T2	立铣刀	26		>30		手动	
编制		审核		批准			共　页	第　页

7.10.7　零件程序

1. 粗加工

```
O1；粗加工
%
%
N0010 G40 G17 G90 G54；
N0040 G0 G90 X-76. Y0.0 S800 M03；
N0070 G1 Z-3. F250.；
N0080 X-59.；
N0090 Y35.；
N0100 G2 X-35. Y59. I24. J0.0；
N0110 G1 X35.；
N0120 G2 X59. Y35. I0.0 J-24.；
N0130 G1 Y-35.；
N0140 G2 X35. Y-59. I-24. J0.0；
N0150 G1 X-35.；
N0160 G2 X-59. Y-35. I0.0 J24.；
N0170 G1 Y0.0；
N0180 X-72.；
N0190 Z0.0；
N0200 G0 Z11.；
```

```
N0210 X-76.;
N0220 Z-1.;
N0230 G1 Z-4.;
N0240 X-59.;
N0250 Y35.;
N0260 G2 X-35. Y59. I24. J0.0;
N0270 G1 X35.;
N0280 G2 X59. Y35. I0.0 J-24.;
N0290 G1 Y-35.;
N0300 G2 X35. Y-59. I-24. J0.0;
N0310 G1 X-35.;
N0320 G2 X-59. Y-35. I0.0 J24.;
N0330 G1 Y0.0;
N0340 X-72.;
N0350 Z-1.;
N0360 G0 Z11.;
N0370 X-76.;
N0380 Z-2.;
N0390 G1 Z-5.;
N0400 X-59.;
N0410 Y35.;
N0420 G2 X-35. Y59. I24. J0.0;
N0430 G1 X35.;
N0440 G2 X59. Y35. I0.0 J-24.;
N0450 G1 Y-35.;
N0460 G2 X35. Y-59. I-24. J0.0;
N0470 G1 X-35.;
N0480 G2 X-59. Y-35. I0.0 J24.;
N0490 G1 Y0.0;
N0500 X-72.;
N0510 Z-2.;
N0520 G0 Z11.;
N0530 X-1.;
N0540 Z1.;
N0550 G1 Z-3.;
N0560 G3 I1. J0.0;
N0570 G1 Z0.0;
N0580 G0 Z11.;
N0590 Z0.0;
N0600 G1 Z-4.;
N0610 G3 I1. J0.0;
N0620 G1 Z-1.;
N0630 G0 Z11.;
N0640 Z-1.;
N0650 G1 Z-5.;
```

```
N0660 G3 I1. J0.0;
N0670 G1 Z-2.;
N0680 G0 Z11.;
N0690 X71.;
N0700 Z2.;
N0710 G1 Z-1.;
N0720 X39.;
N0730 Y-25.;
N0740 G2 X25. Y-39. I-14. J0.0;
N0750 G1 X-25.;
N0760 G2 X-39. Y-25. I0.0 J14.;
N0770 G1 Y25.;
N0780 G2 X-25. Y39. I14. J0.0;
N0790 G1 X25.;
N0800 G2 X39. Y25. I0.0 J-14.;
N0810 G1 Y0.0;
N0820 X52.;
N0830 Z2.;
N0840 G0 Z11.;
N0850 X76.;
N0860 Z1.;
N0870 G1 Z-2.;
N0880 X39.;
N0890 Y-25.;
N0900 G2 X25. Y-39. I-14. J0.0;
N0910 G1 X-25.;
N0920 G2 X-39. Y-25. I0.0 J14.;
N0930 G1 Y25.;
N0940 G2 X-25. Y39. I14. J0.0;
N0950 G1 X25.;
N0960 G2 X39. Y25. I0.0 J-14.;
N0970 G1 Y0.0;
N0980 X52.;
N0990 Z1.;
N1000 G0 Z11.;
G00 Z50;
M05;
M30;
```

2. 精加工

```
O2；精加工底部和侧面
%
N0010 G40 G17 G90 G54;
N0040 G0 G90 X-76. Y0.0 S800 M03;
N0060 Z-2.;
```

```
N0070 G1 Z-5. F250. M08;
N0080 X-58.;
N0090 Y35.;
N0100 G2 X-35. Y58. I23. J0.0;
N0110 G1 X35.;
N0120 G2 X58. Y35. I0.0 J-23.;
N0130 G1 Y-35.;
N0140 G2 X35. Y-58. I-23. J0.0;
N0150 G1 X-35.;
N0160 G2 X-58. Y-35. I0.0 J23.;
N0170 G1 Y0.0;
N0180 X-71.;
N0190 Z-2.;
N0200 G0 Z10.;
N0210 X0.0 Y2.;
N0220 Z-1.;
N0230 G1 Z-5.;
N0240 G3 I0.0 J-2.;
N0250 G1 Z-2.;
N0260 G0 Z10.;
N0270 Y-71.;
N0280 Z1.;
N0290 G1 Z-2.;
N0300 Y-38.;
N0310 X-25.;
N0320 G2 X-38. Y-25. I0.0 J13.;
N0330 G1 Y25.;
N0340 G2 X-25. Y38. I13. J0.0;
N0350 G1 X25.;
N0360 G2 X38. Y25. I0.0 J-13.;
N0370 G1 Y-25.;
N0380 G2 X25. Y-38. I-13. J0.0;
N0390 G1 X0.0;
N0400 Y-51.;
N0410 Z1.;
G00 Z50;
M05;
M30;
```

7.10.8 仿真加工

零件的仿真加工如图 7-83 所示。

图 7-83　零件的仿真加工

7.10.9　检测与分析

检测与分析如图 7-84 所示。

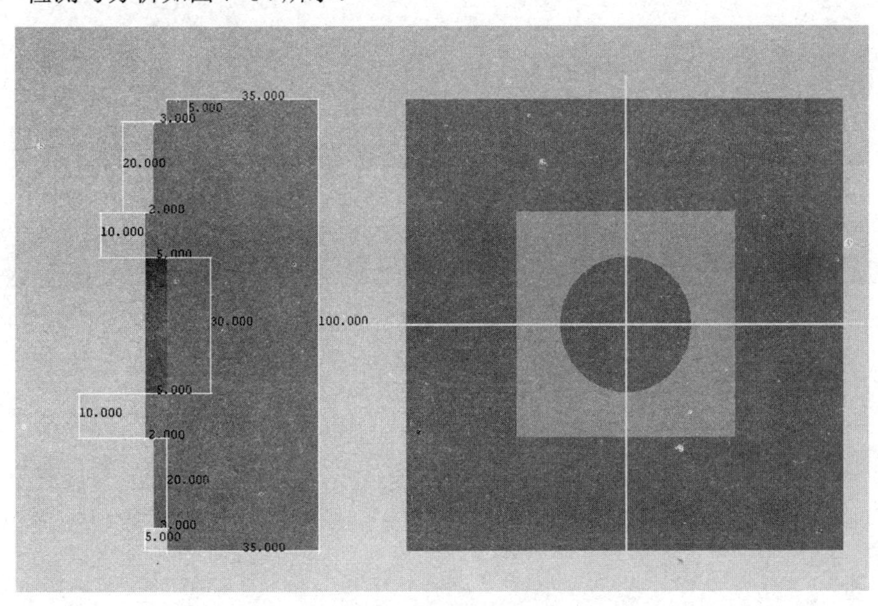

图 7-84　检测与分析

参考文献

[1] 涂志标，等. 典型零件数控加工生产实例[M]. 北京：机械工业出版社，2011.

[2] 蒋建强，张义平. 数控编程实用技术[M]. 北京：清华大学出版社，2009.

[3] 郑钦礼，等. 数控铣床/加工中心经典编程 36 例（精华版）[M]. 北京：化学工业出版社，2013.